翁長知事の遺志を継ぐ

辺野古に基地はつくらせない

宮本憲一・白藤博行 編著

聴聞手続きに関する関係部局長への指示に係る
記者会見を行う翁長知事（2018年7月27日）

自治体研究社

「翁長知事の遺志を継ぐ―辺野古に基地はつくらせない―」 目次

第Ⅰ部　傍若無人な国の埋立工事強行は許せない

第Ⅱ部　飛び立つ沖縄未来へのメッセージ

資　料

翁長雄志氏
1950年10月2日生まれ。那覇市議、沖縄県議、那覇市長を歴任。

2014年12月10日から沖縄県知事。2018年8月8日逝去。

「グスーヨー、負ケテーナイビランドー。ワッターウチナーンチュヌ、クワンウマガ、マムティイチャビラ、チバラナヤーサイ」

（皆さん負けてはいけません。私たち沖縄人の子や孫を守るため頑張りましょう）

第Ⅰ部　傍若無人な国の埋立工事強行は許せない

1

沖縄をアジアの平和と環境と自治の「発信地」に
―翁長さんの遺志を

宮本憲一

辺野古に巨大な軍事基地を造るか、それを阻止するかは、沖縄問題であるだけでなく、今後の日本が日米軍事同盟の強化で戦争体制へ進むのか、アジアの平和のために憲法を守っていくのかの未来を決する問題です。故翁長雄志知事は6月の沖縄全戦没者追悼式で、明確に二度と戦争の被害を繰り返さない、沖縄をアジアの平和の基地にすることを宣言されました。この崇高な意志を我々は継承してゆかねばなりません。

ここでは辺野古をめぐる20年以上にわたる沖縄県民の抵抗とオール沖縄の運動とその中心であった翁長さんの政策が日本国憲法体制の核心であり、特に安全保障と地方自治の関係、さらに持続的発展のための環境保全の在り方を問うものであることを明らかにしたいと思います。

安全保障と地方自治―全国知事会など沖縄問題に発言を

遅まきではあるが、翁長知事の提案を受けて全国知事会が7月27日にはじめて「米軍基地負担に関する提言」を発表しました。そこでは日米安全保障体制は重要であるが、基地の存在が住民の安全安心を脅かし、基地所在自治体に過大の負担を強いているとし、特に沖縄県の負担が大きく、経済効果の面からも、さらなる基地の返還などが求められるとの認識を示しています。しかし辺野古問題には直接触れず、日米地位協定を抜本的に見直し、「施設ごとに必要性や使用状況などを点検した上で、基地の整理・縮小・返還を積極的に促進すること」など4項目の提言をしています。これまで全く具体的提言をしなかった全国知事会が基地問題について初めて地方自治の侵害という認識を示し、改革への提言をだしたことは、沖縄の歴史的構造的な差別の解消と憲法による自治権の確立を求める翁長知事の必死の主張が受け入れられたものといえるでしょう。特に地位協定の抜本的見直しは沖縄県の年来の悲願です。これを機会に知事会がさらに進んで、辺野古の工事のストップと、沖縄県の主張を政府が根本的に検討するように申し入れてほしいものです。

これまで国と地方の役割分担について、法律上は明示されていなかったが、2000年施行の新地方自治法2条1項ではじめて規定されました。そこでは「地方公共団体は、住民の福祉の増進を図ることを基本として、地域における行政を自主的かつ総合的に実施する役割を広く担うものとする」と行政の「近接性の原理」がうたわれています。これに対して国は国際社会における国家の存立にかかわる事務、全国的に統一する事務や全国的視点に立って国が本来果たすべき事務を重点的に行い、住民に身近な行政はできる限り地方団体にゆだねるとしています。このように「補完性の原理」を示し、地方団体の自主性及び自立性が十分に発揮されるようにしなければならないとしています。機関委任事務が廃止され法定受託事務が作られたのは、このような役割分担が明示されたことによるでしょう。実際には財政措置や人事でこの地方自治が具体化していないが、明らかに分権化という国際的な流れのなかで日本的統治機構の改革が行われています。

この改革に基づいて、当然、安全保障体制についても地方自治権の確立がなければならないはずです。戦闘行為は国の権限であるとしても、基地の新設、変更については地元の自治体が納得・承認するものでなければなりません。なぜならば基地ができれば戦時・平和時を問わず、環境・防災・住民福祉・文化・教育などをめぐる地域の状況が激変するからです。地位協定によって、米軍基地は治外法権となり、自治権は及びません。しかも基地外についても日常的に騒音公害や有害廃棄物の漏出など環境破壊があり、軍用機の墜落などの事故、さらに米軍人・軍属などの犯罪が発生しています。明らかに自治体の行政権の侵害が起こっているが、これについても地位協定で、自治権は発動できず、米軍の支配下におかれるのです。

沖縄県が行った「他国地位協定調査」（中間報告、2018年3月）によると、ドイツ・イタリアに比べて日本の地位協定は米軍の権限が不当に強大です。イタリアの米軍基地はすべてイタリア軍司令官の下に置かれています。ドイツでは航空法や騒音に関する法律はドイツ軍の規則を原則にし、周辺自治体の長は正当な理由があれば基地内への立ち入りが可能で、自国の警官も配置されています。これに比べて治外法権の日米地位協定は一度も改訂されていません。

このため最も開発可能な沖縄本島中南部に日本の米軍基地の70％が集中して、経済発展・生活環境を侵害されてきた沖縄県が、これ以上の基地の持続には耐えきれず、基地の解放を主張するのは当然の権利ではないでしょうか。

さらに、今回の新基地は沖縄県が初めて自ら認めなければならぬ事件です。政府は普天間の基地に比べて住民の被害は小さいというが、普天間の古い基地に比べ辺野古の基地は空港と軍港を兼ね備え、明らかに軍事力を増強した半永久の基地です。軍事基地の島から平和な観光・文化・環境の島を目指す沖縄県の将来計画とは相いれません。これは沖縄の財界人が加わったオール沖縄の主張です。

政府は沖縄県と十分な話し合いをせず、あたかも封建領主が幕府の権威を借りて百姓一揆を弾圧するかのように、『辺野古を唯一の代替え策』として強行しているのです。しかし安全保障体制はすべて国の権限で決めうるものではありません。憲法の基本的人権や地方自治を守ることが基礎になければ、国民の安全は保障されないでしょう。

ここでは問題提起にとどめますが、有事の際の国民保護法（「武力攻撃事態等における国民の保護のための措置に関する法律」２００４年制定）についても自治権との関係があります。政府は２０１６年８月に同法に基づく「国民保護に関する基本方針」を出して、特に核・生物・化学（ＮＢＣ）攻撃への対処を示し、一部の地域では、この方針に基づいて北朝鮮のミサイル発射に備えて避難訓練がされました。しかしそれは第二次大戦中の防空演習と同じで、効果があるというよりも、喜劇的とも思えるものでした。この指針では有事の際の国民保護の直接の責任は地方公共団体です。しかしこの指針通りにＮＢＣの攻撃に対応して住民の安全を守ることのできる自治体はあるでしょうか。福島原発災害時の住民への避難指示に間違いがあり、多くの被害が出たように、この「国民保護に関する基本指針」は真面目に地域の自治体と協議をしたものではなく、中央官僚の空想の産物としか思えません。

安全保障は地方自治体との十分な協議と自治権の容認なくして、現実化しえないのです。国の平和政策（裏返せば軍事政策）に自治体の発言権がなければならないのではないでしょうか。有事の際にも安全保障が国の権限に専一化できるものではなく、また米軍の指揮下に入ったから安全が保障されるというものでもありません。むしろ国民主権と地方自治権がなければ、住民の安全・安心は保障されないでしょう。

沖縄県が辺野古の基地建設に反対したことによって、安全保障と地方自治の関係についての、政府や最高裁の見解は憲法違反であり、具体的に検討すればするほど地元の承認なしに基地を造れば、住民の福祉は守れないことが明らかになったといってよいでしょう。改めて内閣と最高裁には、今の安保体制の下で住民の生命・財産、安全・安心をどのようにして保障するのか、辺野古の埋め立てを中止し、住民の基本的人権、地方自治と環境保全について根本的に検討することが求められているのではないでしょうか。

環境権と予防原則により、辺野古の工事は許されない

翁長知事が辺野古の基地建設に反対したのは沖縄でも第１級の環境を保全するということでした。辺野古基地の工事は、公有水面埋立法によって、都道府県知事が許可するものです。公有水面埋立法は大正10（１９２１）年に制定されました。制定時は工業化・都市化のために用地を拡大する必要から、埋め立てを積極的に推進するための法律でした。戦後の高度成長期は用地需要が大きく、土木技術の高度化から、膨大な埋め立てが進み、このために貴重な海岸と海域と生態系の破壊が進み、それらが取り返しのきかない損害＝不可逆的損失を引き起こしました。このため世論と運動によって、１９７０年の環境・公害14法の成立とともに、１９７３年に公有水面埋立法は全面改正され、特に第４条１項によって、次のように環境保全が厳しく決められました。

「第４条　都道府県知事ハ埋立ノ免許ノ出願左ノ各号ニ適合スト認ムル場合ヲ除クノ外埋立ノ免許ヲ為スコトヲ得ズ

一　国土利用上適正且合理的ナルコト

二　其ノ埋立ガ環境保全及災害防止ニ付十分配慮セラレタルモノナルコト

三　埋立地ノ用途ガ土地利用又ハ環境保全ニ関スル国マタハ地方公共団体（港務局）ノ法律ニ基ク計画ニ違背セザルコト

四　埋立地ノ用途ニ照ラシ公共施設ノ位置及規模ガ適正ナルコト（以下省略）」

仲井眞弘多元知事は、２０１１年の沖縄防衛局の環境評価書では５７９の問題点があり、「事業実施区域の生活環境及び自然環境の保全を図ることは不可能である」としていました。２０１３年11月、県環境生活部長は「環境保全措置などでは不明な点があり、生活環境及び自然環境の保全についての懸念は払拭できない」と述べていました。ところが仲井眞元知事は12月に政府から財政を保障されると、前言を翻《ひるがえ》し、突如埋め立てを承認しました。５７９の疑問点や県生活環境部長の疑念が、この短時間にどのように解消したかは明らかにされていません。知事の転向した意向で審査項目を「適」にしたというだけで、政策を変えた理由の説明はいまだにありません。沖縄防衛局は環境問題があっても、今後の監査体制でカバーするから問題はないというにとどまっています。しかしこの監査体制（環境監視等委員会）の委員の一部はアセス業者から研究費をもらっているので公正な監視ができるとは思えないと、新聞などでは批判されています。

翁長知事はこの仲井眞元知事の承認には疑念があるとして、第三者委員会を設置して検討させました。第三者委員会は慎重審議の末、「仲井眞元知事の埋め立て許可は法の要件を満たさず、法律的瑕疵《かし》がある」と報告しました。特にこの基地のもたらす不利益の予想を４点明示しました。

⑴生物多様性に富む辺野古・大浦湾の自然環境の破壊
⑵造成後の基地の騒音などの生活環境侵害
⑶県・名護市の地域計画の阻害要因となる
⑷過重な米軍基地負担が固定化する

この報告に基づいて翁長知事は仲井眞元知事の埋め立て承認を取り消しました。ところが福岡高裁那覇支部と最高裁は第三者委員会や翁長知事の意見を聞かず、辺野古の環境破壊については実質審議をせず、仲井眞元知事の承認に違法はなく、翁長知事の承認取り消しを違法としました。環境研究者としては全く納得がいかない判決でした。翁長知事が行った提訴ではその後の政府の行為が中心となり、また最近明らかになった活断層の問題や地盤が弱いなどの新しい所見が議論になるかもしれないが、改めて、これまで裁判所が無視した世界遺産になるような貴重な環境を破棄してよいのかについての第三者委員会の出した問題点が実質的に検討されるべきでしょう。

翁長知事は福岡高裁での陳述で次のように述べています。「歴史的にも現在においても、沖縄県民は自由・平等・自己決定権をないがしろにされてまいりました。私はこのことを「魂の飢餓感」と表現しています。（中略）日本には、本当に地方自治や民主主義は存在するのでしょうか。沖縄県にのみ負担を強いる今の日米安保体制は正常なのでしょうか。国民の皆様すべてに問いかけたいとおもいます。」

私たちはこの翁長さんの遺志となった問いかけに応えなければならないでしょう。

2

辺野古訴訟で問われてきたもの

紙野健二

はじめに

沖縄には大きな米軍基地が多くあり、そのことが、美しく澄んだ環境の享受《きょうじゅ》を妨げ、地域の経済発展を大きく阻害し、県民の安全で安心できる生活を深刻なまでに阻害してきました。そしてまた、辺野古の美しい海を埋め立ててそこに基地がつくられようとしています。翁長さんは、政治家として、沖縄県知事として、そしてこの時代に沖縄に生きた人として、この問題に立ち向かいました。私たちは、この現実と、どのように対峙すればよいのでしょうか。それは具体的な選択を迫るものとして、私たちに提起されています。

以下では、なぜここ沖縄で軍事基地がありえたのか、許されてきたのかに思いをめぐらせながら、辺野古の問題の展開を追いつつ、そこで示されてきた翁長さんの足跡と想いをたどり、最後に現在求められている承認撤回へのたたかいを展望してみたいと思います。

虚構としての辺野古移設と辺野古唯一論

沖縄の負担軽減論

日本国内にある米軍基地は日米安保条約6条と日米地位協定にもとづくものですが、どこにも沖縄の語はありません。沖縄にかくも広大な米軍基地があるのは、占領の延長線上でのことであり、翁長さんも幾度となく強調しているように、県民がすすんで提供したものではありません。まさに「銃剣とブルドーザー」によって米軍に土地をとりあげられてきたという事実をふりかえり、こころにきざんでおく必要があります。

もとより、安保条約も地位協定も当事者のいずれかの政府が廃棄の意思を表明すれば廃止されるものですから、形式上、米軍基地の返還は簡単なことです。しかし、現実にそのようなことが容易でないことは、誰でも理解できます。ここで安保廃止の要否または是非を論じようとは思いません。そのこととは別に、外国軍隊の基地が国内にあることによって生じている悪しき影響をどうするか、また新たな基地がつくられようとしていることをどう考え、どうするのか、が問われているのです。基地の存在は、沖縄だけのことではありませんが、このさまざまな悪しき影響を「被害」や「損害」とはいわず、「負担」といい、この「負担」を「なくす」ではなく「軽減する」という表現がとられていること自体も、看過してよいとは思えないのです。負担軽減論は、それ自体沖縄にとってしたがって日本全体において差別的で、不当な忍従を強いるものといわねばなりません。そして、そこにある矛盾に目をふさぐばかりか、むしろこれを増幅させてきたのは、沖縄の戦後の歴史とりわけ1972年の「本土復帰」後の日本政府の沖縄に対するむき出しの「政治支配」ではなかったかと私は考えています。翁長さんは、次のようにのべています。

歴史的にも現在においても沖縄県民は自由、平等、人権、自己決定権をないがしろにされて参りました。私はこのことを「魂の飢餓感」と表現をしております。政府との間には多くの課題がありますが、「魂の飢餓感」への理解がなければ、それぞれの課題の解決は大変困難であります。[*1]

私は、翁長さんの生き方とは対照的なものとして政府において政治に携わる人々の根拠のないおごりと、歴史感覚を欠く日本の政治の怖さをここにみる思いがするのです。

普天間基地への移設と辺野古唯一論

政府が辺野古基地を建設しようとする際に持ちだすのは、まず危険な普天間基地の移設先として辺野古基地が必要だという理屈、次に、その際に辺野古しかないのだという辺野古唯一論です。政府は、辺野古基地建設を新基地建設とはいわず移設といい、「辺野古しかない」という辺野古唯一を日米合意に基づくものといってきましたが、それは誤りどころか意図的な虚偽の説明です。なぜなら第一に、かりに辺野古基地が建設されたとしても、普天間基地の返還について米国政府は一切確約していませんし、そのことは日本政府自身よく認識しているのです。[*2] 第二に、むしろ、辺野古唯一論は日本政府の主導によるつくり話であって、米国の真意は辺野古にこだわるものではなく、むしろグアム島への移転案の検討が課題であり続けてきたものです。鳩山前首相も自ら吐露し反省しているように、米軍の「権威」をも利用しての日本の官僚の卑屈《ひくつ》さと狡猾《こうかつ》さがここにも示されています。さらに、辺野古基地の機能は普天間基地と同一でないどころか、大きく異なる一方で、さらに辺野古基地では滑走路が短く米軍の要請に応えることができないことも政府は承知しているはずです。防衛大臣も出席した国会の委員会審議で関連する諸問題が明らかとなっている現在、辺野古唯一論など、およそ米国政府と対等の交渉もできない日本政府のつくった虚構でしかありません。危険な普天間基地の返還はおろか、「5年以内の運用停止」さえも辺野古基地建設とは何の関係もないことが、明らかになっています。さらに情けないことは、後にのべる福岡高裁那覇支部が、訴訟におけるこのような国の主張に疑問をはさむことなく事実認定し、最高裁もこれを追認してしまっているのです。[*3] 裁判は当事者の主張を基礎にして裁判官が判断するものですが、裁判所は、明らかに事実と齟齬《そご》する国の主張をろくに検証も吟味もしないで、判決の前提をなす事実として判決文に書き込んで涼しい顔をしているのです。このような司法のありかたにも根本的な批判が幾重にも加えられねばなりません。[*4]

たたかいの先頭に立った翁長さん

福岡高裁那覇支部での翁長さんの陳述

翁長さんは2014年11月の県知事選挙において、公約に反して国に対し埋立承認をした仲井眞知事に大差をつけて当選し、その就任直後から、前知事のした埋立承認の取消のための手続に取りかかります。直ちに立ち上げた第三者委員会の答申を翌年7月にえて、10月13日に承認を取消したことにより、国との法廷での戦いが本格的に始まりました。翁長さんの思いは、この年の12月2日に福岡高裁那覇支部で行った知事としての陳述に示されています。[*5] この陳述は、翁長さんが知事に立候補した経緯と公約から始め、琉球処分にさかのぼって沖縄のこれまでの歴史をふりかえるとともに、沖縄の将来の経済発展を構想し、そのための像をのべ、米軍基地存在の原点と長きにわたって翻弄されてきた県民の自己決定を求める叫びでした。それは、長文にもかかわらず、聴く人、読む人のこころをうつ明快で説得力あるものでした。

しかし、このような魂の訴えが届かなかったのか、福岡高裁那覇支部（2016年9月16日判決）や最高裁（2016年12月20日判決）は、仲井眞前知事の承認は適法であったので翁長さんがした承認取消を違法と判断しました。このことによって、これ以降、県側は仲井眞前知事がした承認を違法という主張ができなくなりました。これらの判決がはらむ法的問題点についても指摘しておくべきことが山のようにあるのですが、[*6] ここでは先を急ぎます。

違法工事の継続

ところで、埋立承認がなされて以降、工事は一時期を除いてずっと続けられてきました。そのうち、岩礁破砕行為をともなうものについては、別途、県知事の破砕許可を要します。これはサンゴの保護のために水産資源保護法にもとづき県の漁業調整規則39条に定められているものです。沖縄県は、仲井眞前知事時代の2014年8月に許可をえて3年の更新時期が来たので、県が許可の更新申請するように伝えたところ、防衛局長は当該区域においては漁協で漁業権の放棄議決があったので、もはや許可が必要な区域ではなくなったと回答しました。漁業権の分割変更については漁業法22条の定めるところにより、県知事の関与が必要なのですが、防衛局長は水産庁長官のお墨付きがあったからと勝手な解釈をしてそのような関与は不要であるとして工事を続行したのです。[*7]

そこで、県は、この無法な工事を止めるべく差止訴訟または確認訴訟を提起したのですが、裁判所はこれを却下してしまいます。[*8] その理由は、県が事業者である防衛局長に対してするこのような訴えは、「法規の適用の適正ないし一般公益の保護を目的とする」ものであって、「自らの主観的な権利利益の実現のための訴訟ではなく司法権の本来的役割に属するものではない」ので、認められないというのです。承認申請（出願）をした事業者である防衛局長が「漁業権放棄があったので」などと勝手にいい、水産庁長官に新しい法解釈を出させて工事の続行を正当化するなど、こんなことが、国家機関であれ何であれ、許されてよいものでしょうか。この理屈でいくと、有効期限切れで運転免許が無効になった人が、免許証に記載の更新期限は誤りだからといって、勝手に運転をしてもよいことになります。どのような主張があろうと、権限ある行政庁の判断を待ってものごとが進むのは、社会の常識というべきものです。街の無法者でもしないような行為を国がやるなど、法秩序も何もあったものではありません。訴訟というものは、それにふさわしい条件がなければ成立しませんが、争われている中味の判断をしないことによって招くことになる帰結をも視野に入れつつ訴訟要件を考えなければ、司法への信頼の喪失はおろか不信さえただよいます。既存の判例の論理操作能力は裁判官に求められる資質ですが、目前の事件の分析や、実体判断を控えることの帰結とその意味にまで考えが及ばないのでは、およそ法律専門職の名に値しません。このようなことは、上級審においてすみやかに正されなければ、司法の権威にかかわるものです。現在福岡高裁那覇支部において審理中です。

承認の撤回に向けて

先にのべたように、最高裁は、仲井眞前知事のした埋立承認が違法とはいえないと判断したので、承認が適法であることになりました。しかし、このことは、承認にもとづいてなされてきた工事が適法であることを意味するものではありません。先の無許可状態での岩礁破砕工事を別にしても、工事がすすむにつれ、違反行為が目につくようになってきました。これらに対して、県はそのつど注意を喚起し、質問を発し、協議を申し入れ、指導を繰り返してきました。

県は、防災や環境保全の観点から、工事の着工前に護岸全体の実施計画書の一括提出と、工事のすすめ方についての協議を防衛局に求めてきました。しかし、防衛局はその一部しか提出しないまま工事に着工し、これをすすめてきました。ところがその後、実施設計未提出区域に軟弱部分があることが判明したのです。この部分は沖縄の平和市民連絡会の北上田毅氏らの請求によって明らかになった開示文書にあるもので、県との誠実な事前協議を経ていないものです。防衛局は協議など形式的に行えばそれで問題はなく、県の了解を要しないものとの勝手な理解をくりかえすばかりです。およそ真摯な対応とは程遠いふるまいで、これが国のすることかと驚くばかりです。これに加えて、基地を横切っての活断層の存在も県は認識しており、防衛局はこれについて自らの理解も明らかにしてないのです。承認をえたとはいえ、工事実施者が県の監督権限をないがしろにするような行動を法が容認しているわけがありません。防衛局は私人ではないので、無法が許されているとでもいうのでしょうか。

これらのことから、県はいずれ承認撤回を不可避と判断しつつ[*9]、防衛局にはくりかえし法の趣旨の理解と指導への協力を働きかけてきました。そして現状のままの工事続行は、災害防止と環境保全への配慮を求めた公有水面埋立法の要件に違反すると理解せざるをえないと考え、土砂投入の予定期日が迫る中、工事の停止を求めつつ撤回のための聴聞手続に入りました。撤回というのは事業者にとって大変不利益になる可能性があるので、その主張をつくさせるためです。翁長さんは7月27日の記者会見であらためてこのことを明言し，8月4日に謝花副知事にその実行を託していましたが、8日に力尽きて死去されました。

むすび

沖縄の美しい海を守り、県民の安全で安心できる生活を守るたたかいは、まさに正念場を迎えています。これまでの経緯を一瞥しても、ここで直接論じなかった公法学上の論点を多く見出せます。この時点での焦点は、埋立承認の撤回です。

もはや十分な検討をする余裕はありませんが、私は、県が当該承認以降の諸事実から、もはやこれを維持することは法の趣旨に反すると判断して、これを撤回することに十分合理的な理由があると考えています。沖縄県の適切な行動を期待しています。

注

＊1　2015年12月2日のいわゆる代執行訴訟に際しての原告陳述。沖縄県知事公室辺野古新基地建設問題対策課のHP、知事の発言等の欄の平成27年12月2日いわゆる代執行訴訟に際しての知事の冒頭意見陳述。ところで、みなさんは「沖縄を返せ」という歌をご存知でしょう。よく集会で歌われてきたものです。もちろん思いは人それぞれですが、私個人はヤマトンチューとして、あの歌には恥ずかしい思いがするのです。なぜか、それは何よりも日本政治の恥ずかしさを思うからです。

＊2　2017年6月6日および15日の外交防衛委員会での稲田防衛大臣の答弁。

＊3　福岡高裁那覇支部平成28年9月16日判決および最高裁平成28年12月20日判決。

＊4　先の注1引用の翁長さんの陳述を一瞥すれば、本件においては慎重な事実認定が不可欠であることくらい誰でも分かることと思うのですが、裁判所にとってはそうではなかったようです。そこに当事者の主張を越えた裁判所の予断があるのなら、もはや裁判など不要とさえいえます。この点につき、岡田正則「辺野古訴訟で問われる日本の法治主義と地方自治」世界２０１６年11月号40頁および同「『政治的司法』と地方自治の危機」２０１７年2月号94頁を参照。

＊5　前掲注1参照。

＊6　ここまでの展開について、もっともすぐれた分析は、訴訟で沖縄県を支援してきた研究者らによる座談会、岡田正則他「辺野古訴訟と行政法上の論点」の⑴〜⑶です。法学セミナー２０１７年8月号18頁以下参照。私も同号で「沖縄の基地問題と公法学」という論稿で、論陣の末席を汚しています。

＊7　この時のお墨付きに際しても、官邸において法解釈の調整がなされていたのではないかと疑念が生じています。それは、基地建設のための違法工事を支援するために、官邸主導の大がかりな法解釈の変更と国家行政組織の歪曲がなされていたのではないかという問題です。これは昨年来の大きな未決着の政治問題と同根のものです。

＊8　那覇地裁平成30年3月13日判決。

＊9　このように、処分の取消と撤回の観念的実務的区別が重要です。交付された運転免許証について、試験時に不正が発覚した場合は取消、重大な道交法違反を犯して「免許取消し」になるのが撤回です。撤回は、処分時に存在しなかった事由を理由にしてなされる点で取消とは異なります。本件でいうと、公水法4条1項に定める要件に違反する事実の存在が明らかになった場合です。ただ、撤回により生じる不利益と撤回しないことによる不利益との比較、その際に考慮されるべき事項等、検討すべき事柄は多岐にわたります。沖縄県が今日まで慎重に検討を重ねてきたのはこれらであったのでしょう。

3

世界に誇る辺野古・大浦湾の自然と迫る危機

安部真理子

はじめに

沖縄島北部、名護市の東海岸に位置する辺野古にはサンゴ礁域にしては珍しいほど大きな深い湾があります。それが大浦湾と呼ばれる湾で、外洋に続く海が辺野古と呼ばれています。辺野古・大浦湾にはさまざまな種類や形のサンゴ群集、海草藻場《かいそうもば》、マングローブ、干潟、泥地、砂場などの生態系があり、これらが一つのセットを作り上げています。このような規模の健全なサンゴ礁生態系は日本全国を見ても希少で価値があり、生物多様性のホットスポットであり、防衛省の環境影響評価（以下、「環境アセス」）を見ても5334種もの生物が海域から記録され、そこには262種もの絶滅危惧種が含まれています。

この海域の海草藻場には環境省のレッドデータブックに準絶滅危惧種として記載されている7種の海草があり、「沖縄県の絶滅のおそれのある野生生物（レッドデータおきなわ）」に掲載された海草や藻類など29種が含まれています。国の天然記念物であり、絶滅危惧ＩＡ類（環境省）であるジュゴンは、沖縄島周辺ではすでに10頭以下にまで減少したと言われており、環境アセスでは3頭が確認されています。

　2007年に市民の手で発見されたチリビシのアオサンゴ群集は、IUCN（国際自然保護連合）レッドリストの絶滅危惧Ⅱ類（VU）に掲載されている種であり、石垣島白保や沖縄島勝連半島のアオサンゴ群集とは遺伝子型が異なる、つまりこの群集は大浦湾にしか生息していない可能性が高いことがわかりました（谷中ら、2017「アオサンゴ集団ゲノム解析ー黒潮流域と西オーストラリアの隠蔽系統比較」）。

　IUCNは4回にわたり、やんばるの自然やジュゴン・ノグチゲラなどの保全を求め、同事業に伴い生じる環境へのリスクに対して勧告を出しています。

チリビシのアオサンゴ群集（牧志治撮影）

ジュゴンとウミガメが泳いでいる（東恩納琢磨撮影）

　さらに2014年には日本生態学会など19の学会から「著しく高い生物多様性を擁する沖縄県大浦湾の環境保全を求める19学会合同要望書」が日本政府宛に提出されています。

　ラムサール条約の潜在候補地の1つにも選定されており、

環境省の生物多様性の観点から重要度の高い海域の1つとして選ばれており、沖縄県の自然環境の保全に関する指針では自然環境の厳正な保護を図る区域として評価ランクⅠに指定されています。このように国内外でこの海域の生物多様性の豊かさは認められています。

環境影響評価の問題点

科学的および手続きに関する問題点

本事業（普天間飛行場代替施設建設事業）の環境アセスは2007年から2013年にかけて行われましたが、科学的に多くの問題があり、住民との合意形成や情報公開という点でも多くの問題があるアセスでした。方法書の段階で公表されるべきことが、あとから次々と明らかになりました。例えばオスプレイの配備が準備書の段階で記されたことや、アセス後の公有水面埋立承認願書において初めて埋め立て土砂調達地が公表されたことなどです。

さらにアセス時には名前を明らかにしない覆面専門家の意見が取り入れられており、またアセス後には、アセス書の補正や事業者への専門的知見の提供のため有識者研究会、環境監視等委員会という名前の専門家からなる委員会が組織され、いずれも非公開で行われました。

科学的な問題点として第一にあげられるのは、環境アセス調査後の新種、国内初記録種など数多くの発見があったことです。甲殻類《こうかくるい》では39種の新種及び日本初記録種が発見され、貝類、海藻類、ナマコ類など複数の分野において新種や日本初記録種の発見が続きました（日本自然保護協会、

２０１４）。

これらの発見は、同海域の生物多様性が大変高く、今後も新種やユニークな生活史を持つ生物が発見される可能性が高いことを示唆しています。また環境アセスがこの海域が持つ生物多様性を十分に把握できていなかったことでもあります。

さらには環境アセスでは調査期間が1年間と短く、台風が上陸しなかった年にアセスが行われていたため、環境アセス時の調査では、台風時のデータが得られていないということが起こり、また生物調査に必要な長期間に及ぶ調査ができていません。

また新基地建設が米国国家歴史保存法（ＮＨＰＡ）に違反するとして、２００３年に日米の環境保護団体などが米国防総省を米連邦地裁に提訴していたジュゴン訴訟の中で、米国防総省の専門家チームが２０１０年の報告書でジュゴンの調査についての不適切さを指摘して、科学的にほとんど価値を持たないとの見解を示していました。環境アセスでの調査は一貫性のある調査手法を用いていないこと、調査者の経験や能力について保証ができないことが問題であると指摘しています。この環境アセスでは基地建設による沖縄のジュゴンへの影響を正確に把握することができないとしています。

環境保全措置に関する問題点

本事業に伴う環境保全措置には多くの問題点があります。その１つが生物の移動や移植、自然環境の造成などが環境保全措置としてあげられていることです。自然環境は人工的に造成や再生ができるものではなく、サンゴ礁生態系には砂礫地《されきち》や岩礁地《がんしょうち》、泥地など多様な環境が存在し、その結果として多様な生物が棲《す》んでいます。潮の流れや水中の光環境なども含め本来の環境を再現し、そのうえで棲息《せいそく》するすべての生物を移動・移植するのでなければ保全をしたことにはなりません。

サンゴ類については、「サンゴの移植技術は未確立である」と日本サンゴ礁学会（２００８）も述べています。海草藻場についても移植および造成を行うとされているものの、環境アセスで引用されている水産庁・水産総合研究センター（２００８）の再生成功例は、生残率等が記されていないうえに、限定された種のみを対象とするなど、厳密に検証されていないものです。ここでは中城港湾（泡瀬地区）の事例も引用されているものの、同海域における海草移植実験については、手植え移植と機械移植が行われましたが、いずれも失敗に終わったことは明白です（日本自然保護協会、２００７）。このような経緯があるにもかかわらず、この件を例にとり、海草移植が一定の成果を上げていると評価することは事実誤認です。貝類や甲殻類などの底生生物については移動させることが保全措置としてあげられているものの、移動させやすい生き物のみに絞り移植することは環境保全措置として適切とはとても言えないでしょう。

埋め立て土砂に関する問題

本事業の埋め立てには、奄美大島、徳之島、瀬戸内、門司、天草、佐多岬、五島と西日本の広い範囲から土砂が調達される予定です（図）。すなわち辺野古の埋め立ては辺野古のみで完結せず、

6県7ヵ所に及ぶ広い範囲の自然破壊につながります。土砂調達予定地の中には沖縄島から距離があり、生態系も気候帯も異なる場所も含まれています。埋め立て土砂に付着して沖縄島に入ってくる生物が引き起こす外来種問題が懸念されます。分量が2100万㎥（東京ドーム17個分）

図　埋め立て土砂の調達予定地と搬入経路

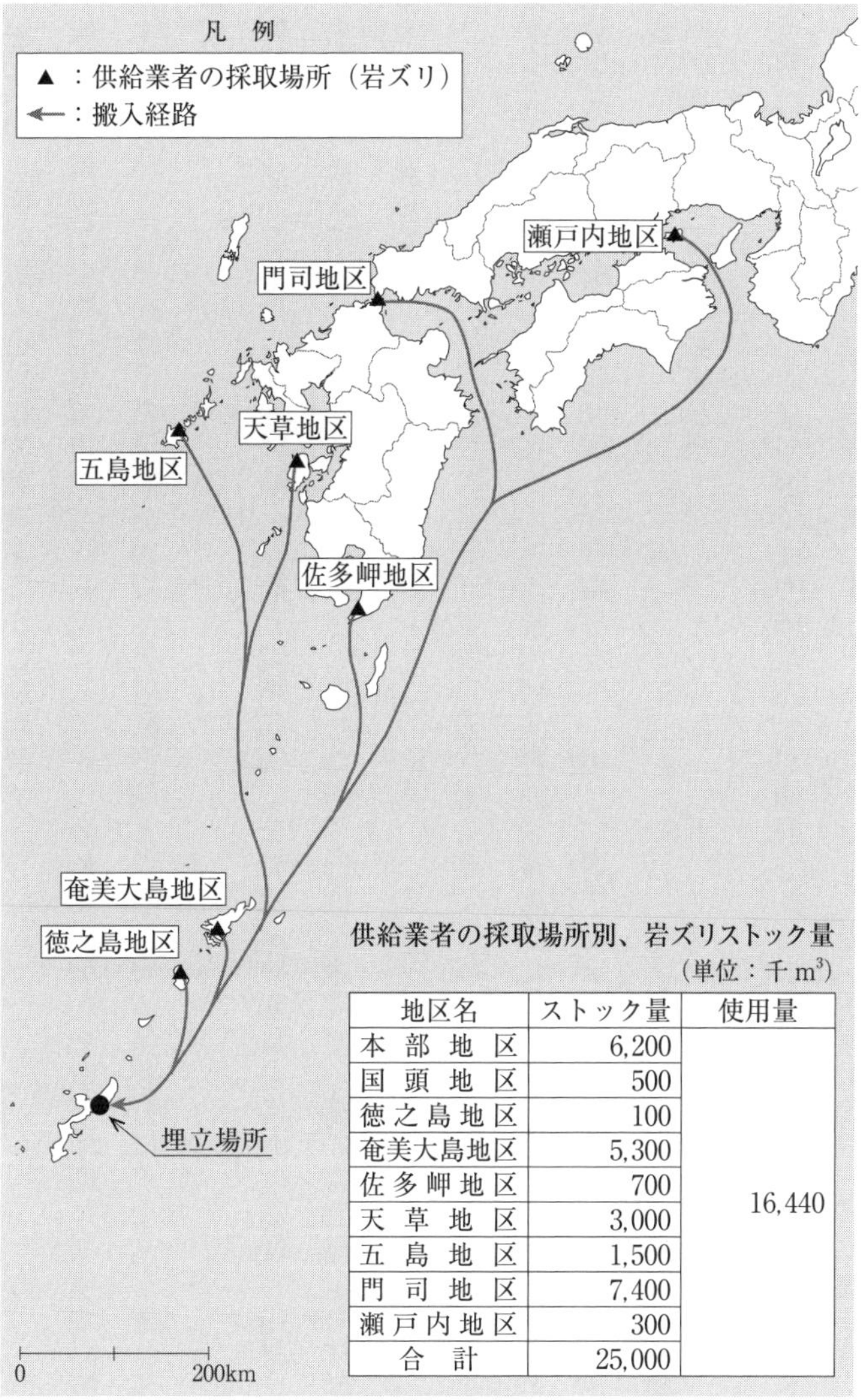

供給業者の採取場所別、岩ズリストック量

（単位：千 m³）

地区名	ストック量	使用量
本部地区	6,200	16,440
国頭地区	500	
徳之島地区	100	
奄美大島地区	5,300	
佐多岬地区	700	
天草地区	3,000	
五島地区	1,500	
門司地区	7,400	
瀬戸内地区	300	
合計	25,000	

出所）普天間飛行場代替施設建設事業に伴う公有水面埋立承認願書より

と多いため、生物の混入を目視で調査することも困難です。

一般的には環境アセスは全ての環境改変に対してかけられる必要がありますが、業者から購入する土砂を用いる場合には、事業者ではなく業者の責任となるため、事業者はアセスを逃れることができます。

沖縄県は2015年11月に沖縄県土砂搬入規制条例（公有水面埋立事業における埋立用材に係る外来生物の侵入防止に関する条例）を制定しましたが、罰則を設けていないなど万全な体制であるとは言い難いです。

2016年に行われたIUCNの第6回世界自然保護会議では日本自然保護協会など国内の6団体が提案した勧告「島嶼生態系への外来種の侵入経路管理の強化」が採択され、普天間代替施設建設事業に伴う外来種問題に関し、日本政府へも厳しい要求がなされています。

環境への影響はすでに生じている

本事業に伴う公有水面埋め立て承認は沖縄県知事が権限を持ちます。2013年に仲井眞元知事により承認され、いったん翁長知事により取り消されたものの、2016年12月に取り消しの取り消しを行ったため、2017年4月より本体工事が進められています。

ジュゴンへの影響

工事や作業がジュゴンの行動に大きな影響を与えている可能性が高いです（日本自然保護協会、

２０１４）。１９９０年代は沖縄島東海岸にて多くのジュゴンの目視記録や食痕《しょっこん》の記録がありました。環境アセスの際にはジュゴンの辺野古・大浦湾の利用記録はなくなったものの、アセス終了後には、徐々にジュゴンの食痕が辺野古・大浦湾にて確認されるようになりました。２０１４年には臨時制限区域の内外でジュゴンの食痕が数多く確認されました（U.S. Marine Corps Recommended Findings 2014 など）。その本数は市民団体の調査で、５月から7月までのわずか2ヵ月足らずで計１５１本にものぼり、２０１３年以前の記録とは桁違いに多い数でした。しかし個体Cはその後２０１５年5月以降には大浦湾を利用しなくなりました（沖縄防衛局、２０１６）。つまり、音に敏感なジュゴンがボーリング調査や警戒船に伴い生じる騒音に影響を受け利用を停止したと思われます。ジュゴンに関する調査や保全措置は複数行われているものの、既に記した通り、いずれも科学的に不十分で効果がありません。

コンクリートブロックによる影響

２０１４年7月より日米地位協定に基づく日米合同委員会合意事案としてボーリング調査等の事前作業の実施のため埋め立て予定地１６０haを大きく取り囲む形で臨時制限区域（５６１・８ha）が設置されています。米軍や工事用船舶以外の航行が禁止され、市民の立ち入りを禁ずるためフロートで取り囲み、フロートを安定させるため、合計３００個近くもの大小さまざまなサイズ（13～45ｔ）のコンクリートブロックが沈められています。

市民団体により生きているサンゴの上に大型のブロックが置かれたことが２０１５年にわかり、

それ以降事業者はサンゴや海草を避けて設置しています。しかしながらブロックが置かれている砂場やガレ場など一見、生物がいなさそうに見える場所にのみ生息する生物もいます。また海底の地形の多様さが基盤になっている大浦湾の生物多様性がブロック設置により平坦になる可能性もあり、さらに複数の構造物の設置により海流等が変わる可能性もあります。

生物の移動・移植・造成などの保全措置について

環境保全措置として底生生物の移動がすでに行われています。貝類や甲殻類を中心に、2018年5月18日までに475地点から75種類、計6642個体が移動されています（環境監視等委員会資料、第15回委員会）。移動された生物を1個体ずつ追跡調査ができる訳ではないため、保全されたかどうか成否の判定ができません。

海草については移植・造成がアセスの保全措置としてあげられているものの、事業者は移植は行わず造成のみを行う意向だということが、国会の答弁でわかりました（参議院外交防衛委員会、伊波洋一氏の質問に対する政府答弁、2018年6月28日）。希少な海草や海藻の生息が確認されたにもかかわらず、事業者はその遺伝子を保存しようという試みもしないということです。

サンゴ移植については事業者が出したサンゴ類の移植・移築計画（案）に対し、日本サンゴ礁学会保全委員会（2017）が意見を出しているように多くの問題点があります。第一の問題として、もともと成功率が低いサンゴ移植作業を工事と並行で行うということはあってはならないことです。また事業者は移植対象とするサンゴ類として、水深20m以浅の範囲、長径10cm以上のサンゴ類とするなどと範囲やサイズなどを限定していますが、このような選定は科学的に意味を持ちません。水深20ｍよりも深い場所に生息するサンゴ類やまたサイズの小さいサンゴ類も当然保全対象とすべきです。

２０１４年4月に沖縄防衛局により普天間飛行場代替施設建設事業に係る環境監視等委員会（以下、「環境監視等委員会」）が設置されました。この委員会は仲井眞元知事による埋立承認の際に「留意事項」として政府に求めたことを受けて設置されたものです。委員の氏名と所属は公開されているものの専門分野は公開されておらず、会議は非公開で行われ、議事録は発言者が特定できないという形で作られています。多くの市民や科学者によりこの委員会の判断の数々は批判されているものの、この委員会が事業にお墨付きを与えるという形で工事が進められています。

コンクリートブロックが生きたサンゴの上に置かれている
（ダイビングチームレインボー撮影）

おわりに

辺野古・大浦湾は世界に誇ることができる生物及び地形的な多様性の高い貴重な場所ですが、このまま工事が進められることにより、自然環境への影響が甚大となることは明白です。とりわけ現在複数の護岸工事が行われている場所は沖縄島周辺で最大の規模である貴重な海草藻場です。一時的にこの海域を利用しなくなったとはいえ、ジュゴンが戻ってくる可能性もあります。その際には海草藻場を維持しているということが重要になります。

これらの判断を容認している環境監視等委員会は、埋め立て承認の際の留意事項として附された環境保全の条件として機能していないことは明白です。工事を直ちに停止させることが必要であり、沖縄県により早期に埋め立て承認の撤回が行われることが望まれます。埋め立て承認が撤回されることにより、沖縄防衛局が環境保全を行っていないということが明らかになり、環境監視等委員会やこれまで行われてきた環境保全措置を無効にすることができ、国内外に広く問題を訴えることができるようになります。

参考文献

・谷中絢貴ら（２０１７）「アオサンゴ集団ゲノム解析―黒潮流域と西オーストラリアの隠蔽系統比較」、日本サンゴ礁学会第20回大会口頭発表
・日本自然保護協会（２０１３）「普天間飛行場代替施設建設事業に係る環境影響評価書（補正後）」への意見
・日本自然保護協会（２０１４）7月9日記者会見資料
・日本サンゴ礁学会保全委員会（２０１７）普天間飛行場代替施設建設事業に係るサンゴ類の環境保全対策について（回答）

4 かけがえのない沖縄島の自然を次世代につなぐ
―辺野古・大浦湾を守る意味はなにか

亀山　統一

島の成り立ちに由来する特別な自然の価値

沖縄は亜熱帯の島です。

那覇の年平均気温は23℃で、熱帯にあるマニラ（フィリピン）の28℃より低く、温帯の鹿児島の18℃台よりも高いです。マニラでは、月平均気温は26～30℃の範囲にあります。いわば一年中夏です。鹿児島では9～29℃で、明瞭な四季があります。那覇では17～29℃で、明らかに四季がある点で熱帯と違いますが、冬場の寒さが弱く、生物の活動が止まりません。

沖縄に冬があることは、アジア大陸の東側にあることと関係しています。大陸からの冬の季節風が気温を下げるのです。西高東低の気圧配置になると、沖縄も北陸地方と同様に曇ってしぐれます。

沖縄は、アジア大陸の東にあるために、雨にも恵まれています。台風や梅雨があり、一年を通して2千ミリの雨が降ります。亜熱帯地域は、世界的に乾燥地が多く、沖縄のようによく雨が降る場所は珍しいのです。

温暖で四季があり、豊かな雨のある沖縄の気候は、特有の豊かな森林を発達させました。

沖縄の島々は、アジア大陸とも日本列島とも陸続きだった時期があります。そのため、その後海に沈んだことがない、沖縄島、石垣島、西表島などには、マツやシイなどの樹木、ハブやトカゲ、カエル、さまざまな昆虫など、海を渡ってくることが難しい生物が数多く生息しています。しかも、島として孤立してから百万年以上たっているので、独自の種の分化が進み、琉球諸島や、それぞれの島々に固有（そこにしかいないこと）の生物も多数います。

一方、マングローブ植物など、海を流れてくる生物も到達できる位置にあります。沖縄島のジュゴンも、かつて東南アジアから移動してきたのでしょう。また。渡り鳥にとって、沖縄は、南半球や東南アジアと北東アジアをつなぐ渡りのルートにあります。太平洋を渡るトリにとって、沖縄の島々は羽を休め餌をとるオアシスです。

さて、沖縄島は琉球諸島で最大の島です。しかも、北半分（やんばる）は山がちの地形、南半分はサンゴ礁が隆起した平地の多い地形であり、土の性質も違うので、生物が住む「場」の多様性が豊かです。この大きさや多様な地形もまた、「生物多様性のホットスポット」と呼ばれるほどの、沖縄の生物の豊かさをもたらす一因です。

琉球列島の東側には、琉球海溝が走っています。沖縄が島になったり陸続きになったりするのは、プレートのダイナミックな運動によっています。一方、沖縄島の南半分のように、サンゴ礁が発達して浅く平らな海底ができ、それがわずかに隆起すれば島になること、すなわち生物が地形を作るという面もあります。この結果、沖縄の島々は、それぞれに異なる歴史を持って成り立っており、それが地形や生物の分布に反映しています。

こうして、沖縄島には、日本本土と同じ種、中国・台湾と同じ種の生物がいます。また、リュウキュウマツのように琉球列島全体に固有の種もあります。ノグチゲラやヤンバルクイナのように沖縄島の北部にしかいない種もあります。いまある沖縄島の生物種の組み合わせ、それが作り出している生態系は、沖縄島だけのものであり、ほかの島や地域では代替できません。かけがえのない特別な自然なのです。

深く結びついた陸海の生態系

沖縄の海岸では、日本本土の海岸と違って高い波が打ち寄せず、海面は静かで海水は澄んでいます。白波が遠く沖合で砕けています。沖縄の浅い海ではサンゴ礁が発達して遠浅の海ができます。波が砕けるのは、波浪にさらされながらサンゴが生育する、サンゴ礁の前線部分です。そこから海岸線までの静かな海は、過去のサンゴが創り出したもので、礁池《イノー》と呼ばれます。ここに海草や海藻の群落（藻場）ができ、ジュゴンも海草を食べにきます。海岸の白砂も、サンゴの石灰質の骨格や貝殻などが砕けてできたものです。

このようにサンゴ礁が島を縁取っているおかげで、海が荒れたときも、高波をかぶったり、波しぶきが風に乗って吹き付けたりする被害が軽減されます。沖縄の陸上の森林は、サンゴ礁に守られているのです。

島の陸地が森林に覆われていると、激しい雨でも表土が侵食されにくく、土砂が海に流れ込みにくいのです。また、川の河口域にマングローブ林が発達し、干潟もできます。ここで川の水の養分が消費され、流速が落ちて粘土分が一時的に沈殿します。すると、河口部では水が澄み、赤潮も発生しにくいのです。このことが海草やサンゴの生育を助けます。

沖縄島では、森林、河川、マングローブ、海草藻場、サンゴ礁の生態系が相互に緊密な関係をもっていて、お互いの働きによって、それぞれが維持されているのです。その一つが傷つけられれば、ほかの生態系にも深刻な影響が及び得るのです。このように、陸から海にかけての全体の自然環境が守られてこそ、沖縄の自然も持続可能です。ところが、沖縄島で、こうした陸海の生態系が全体として維持されている場は、いま非常に少なくなっています。その中で、決定的に質の高い自然環境が、しかも大面積で残っているのが辺野古・大浦湾なのです。

久志《くし》岳・辺野古岳とその北に広がる山々、大浦川・汀間《てぃーま》川などの自然度の高い河川とその河口域の干潟・マングローブ、海岸沿いに見られる嘉陽《かよう》層という地層とそこに成り立つ海岸植物群、沖縄最大級の海草藻場、サンゴ礁、深場が入り組む浅海域。どれ一つをとっても貴重なものです。それら全体が織りなす辺野古・大浦湾の生態系の価値は、計り知れないものです。

政府は2016年に、沖縄島北部の国頭《くにがみ》村・大宜味《おおぎみ》村・東《ひがし》村の1万3622haを、「やんばる国立公園」に新規に指定しました。それは、やんばるの自然の世界的な重要性を考えれば遅きに失したことですが、公園の範囲がこの三村にとどまっていることも大きな問題です。何よりも辺野古・大浦湾とその沿岸の陸域こそ、国立公園の特別保護区域にふさわしい場所です。政府はやんばる国立公園の範囲を広げ、辺野古・大浦湾一帯の生態系を保全するべきであり、この海域を埋め立てるなどもってのほかです。

島の自然をめぐる状況　沖縄戦から「基地の島」へ

沖縄島の自然の特徴は、そこに住む人びとの暮らし・社会にも強い影響を与えてきました。豊かな水資源と広い平地のおかげで、沖縄島の人口は昔から多く、島の自然は、人間の働きかけを常に受けてきました。現代では主に水資源をやんばるに依存していますが、琉球王朝時代は、薪炭や建材など都市生活に不可欠の木材資源をやんばるに強く依存していました。やんばるの森は、その全域に人の手が入った歴史があり、手つかずの原生林はありません。それでも、その負荷は、多数の生物種がその地域で絶滅するとか、生物が生きる場そのものがなくなるといった、重大な自然破壊はもたらしませんでした。

その状況を一変させたのが沖縄戦です。沖縄島の地上戦は、中南部を壊滅させ、筆舌に尽くしがたい人的犠牲をもたらしました。そして、生き延びた人びとの生活の再建のために、大量の木材・燃料の需要が生じたのです。戦争直後、地上戦で破壊されなかったやんばるの森は、盗伐を含む過剰な伐採にさらされました。

占領下で米軍政府は、やんばるの森に広い訓練場を設定して住民の立入を禁じ、良質の森を囲い込みました。沖縄島北部の広大な訓練場には、訓練だけでなく、有事の際に沖縄を前進基地にして大量の将兵をおくために、水資源確保策として水源林を守るという目的もあったのです。訓練場となった結果、伐採されない森林があることは事実です。しかし、訓練場という本来の目的ゆえに、米軍はベトナム戦争当時には猛毒のオレンジ剤（ダイオキシン類を含む除草剤）の散布による化学物質汚染も起こしましたし、現在に至るまで航空機の離着陸・低空飛行訓練などにより自然環境に重い負荷をかけ続けています。宜野座《ぎのざ》村では、現実に住民の水道用ダムに米軍ヘリが墜落しました。東村高江では、国立公園特別地域に接する森を破壊して、オスプレイの着陸帯をつくって訓練を強行しています。恩納《おんな》連山では実弾による射爆撃が永年続けられ、しかも、不発弾が放置されて山火事が絶えません。軍事基地は疑いなく自然破壊の要因です。

環境破壊にも残った辺野古・大浦湾を埋め立てる

１９４５年から72年まで、沖縄は米軍占領下におかれました。米軍政府のもとで民生のためのインフラ整備は極めて立ち後れていました。やんばるの低開発が、皮肉にも自然保護に働いた面があるかもしれません。復帰後には一転して、本土との格差を是正するとして国の高率補助による公共事業が一気に進行します。それは激甚な公害・環境問題を引き起こしました。

沖縄島の現在の人口は１３０万人。このほかに米軍関係者が４万数千人います。さらに、沖縄県への入域観光客は年間950万人に達し、その多数が沖縄島に滞在します。

これだけの人口と、島内の産業、そして軍事基地を、やんばるのダム群が支えています。やんばるに多数のダムと導水管を建設する工事も、復帰直後に始まりました。ダム建設は、水資源確保上必要でしたが、次第にやんばるの森の重要部分をも傷つけていき、工事の際に受注業者の違法な操業により沖縄に松くい虫被害（マツ材線虫病）が持ち込まれるなど、外来生物問題も引き起こしています。

道路開設や農地改良事業により、裸地から雨天時に赤土が流出し、河川や沿岸域の汚濁被害が生じています。リゾート開発など、民間の事業者による自然破壊もあります。

こうした問題に対して、侵入病虫害の防除、マングースなど外来生物や野猫・野犬対策、赤土等流出防止条例など、さまざまな施策が試行錯誤され、現在に至っています。しかし、生態系保護の重要性を住民が広く理解するようになった今なお、ヤンバルクイナやジュゴンのように、絶滅危惧種の危機が進行しています。

復帰以降の数十年間、琉球処分から地上戦、米軍占領という過酷な時期を何とか生き延びたやんばるの森全体に、開発や森林施業の負荷が強くかかりました。その結果、沖縄島は飢饉でも戦争でもないのに多数の生物が生存の危機に立たされているのです。そうした危機を乗り越えるだけの、これまでにない実効性を持った人間と自然の共存策が行われなければ、ただ、やんばる国立公園の指定や世界自然遺産への立候補をしたところで、意味がありません。ところが、こうした危機解決に逆らって、政府は辺野古の新基地建設を強行し、沖縄に残された最良の自然を破壊しようとしているのです。

危機的な沖縄の自然　どうすれば守れるのか

２０１８年、国際自然保護連合はユネスコに対してやんばるの世界自然遺産登録の延期を勧告しました。北部訓練場の返還地をやんばる国立公園に編入するなどの日本政府の姑息な対策では、世界の自然保護の水準には全く達しなかったのです。軍事基地の存在を含め、やんばる全体、沖縄島全体の自然環境を守るための抜本的対策が国際的な要求となっていることは、明らかです。

沖縄には長い歴史を持つ人間の営みがあり、人びとはウチナーンチュというアイデンティティを持って生きています。沖縄の自然の価値がどんなに高く評価されても、絶滅危惧種の絶滅の危険性が高まっても、自然保護のために住民を追い出すという選択はあり得ないことです。ですから、沖縄島では人間社会が自然と共存していくことが、必然の要請です。

ウチナーンチュにとって沖縄の自然はふるさとの自然であり、歴史、文化、生活、生産の基盤です。島の自然が創り出す陸海の空間と、その景観の全体が、なくてはならないものです。現代的な生活の利便や経済成長は追求するとしても、それによって島の自然を破壊してしまっては沖縄文化の前提が損なわれますから、未来がありません。

一方、ノグチゲラやヤンバルクイナやジュゴンなど法的に保護を要する生物をまもるには、それらが生きる島の陸海の環境全体を良好に保ち、多様な生物が創り出す生態系そのものを維持していかなければなりません。

住民のためにも、在来の生物のためにも、国際要求にこたえるためにも、沖縄島の生態系保全が必要です。それも、住民と共存しつつ実現しなければなりません。それには、今、良い状態で残されている数少ない陸海域を核心的な区域として徹底して保護しつつ、その周辺の、より傷ついた区域の生態系が次第に回復していくよう誘導することです。そして、「大事な場所はまもりぬく、そのためには協力する」という住民合意と、核心的な区域を特定してそこを守る具体策・予算措置が必要です。

では、その核心的な区域とはどこでしょうか。やんばる国立公園の特別保護地区や第一種・第二種特別地域はもちろん該当します。しかし、名護市以南や本部《もとぶ》半島に該当地域がないなどということは、あり得ません。前述のように、辺野古・大浦湾とその沿岸地域は最重要の区域です。そして保護対象区域の面積が広いほど、生態系の保全・修復の可能性も高まるのです。

１９９７年に日米両政府が辺野古を新基地建設候補地にして以来、沖縄の人々が自ら専門家と共に調査して辺野古大浦湾の自然の価値を明らかにし、その知見に学び、そこを守ろうと取り組んできました。沖縄の人びとがその自然環境を守ろうと決意している点でも、辺野古・大浦湾は、沖縄の自然保護上、決定的な意味を持つ場所です。

「オール沖縄」の潜在力 「持続可能な沖縄」へ

自然保護政策は、翁長県政の弱点でした。例えば、翁長知事は、沖縄島中部にある泡瀬干潟の埋立事業を中止しませんでした。しかし、知事の任期中から、沖縄県は残された泡瀬海域のラムサール条約登録を目指し始めました。沖縄の自然を守ること、人間と自然が共存できる持続可能な沖縄を作るという課題は、「オール沖縄」がまさに認識を深化させてきたところです。

「オール沖縄」の推進者たちは、沖縄経済を支える産業にとって、平和が欠かせぬ基盤であること、その平和は、軍事力ではなく、近隣諸国との対話と信頼関係の構築によってもたらされることを認識しています。そして、子どもたちが沖縄に住み続け、観光業、農業、食品・健康産業といった地場産業が存続していくには、沖縄の自然環境が維持されることが必須の条件となります。平和と持続可能性は、必然的に結合していくものです。

「オール沖縄」は、辺野古新基地建設阻止の一点で、保守から革新まで手を結んだ運動です。その歩みのなかで、辺野古新基地を阻止した先に沖縄がどこに進むかを、皆が真剣に考えてきました。沖縄県民は、軍事力やその場限りの振興策よりも、地域社会や自然環境の持続可能性の方に価値を置くという、まさに、沖縄の未来を分ける決断に踏み込もうとしているのです。

5 基地による経済的自立の阻害は許せない！

川瀬光義

「基地は経済発展の阻害要因」というスローガンの意義

4年前の知事選挙では、翁長候補の「基地は経済発展の阻害要因」というスローガンが大きな支持を得ました。それまでの沖縄の選挙というと、基地か経済かが争点となることが多く、基地政策で政府に妥協して支援を得ないと経済がよくならないかのように受け取られがちでした。しかしよくよく考えてみると、基地の整理縮小をすすめ、いずれは撤去することをめざすことと、経済をよくする施策とを天秤《てんびん》にかけるというのはおかしな話です。どちらも大切なはずです。沖縄の人々だけが、政府の基地政策をしぶしぶでも受け入れないと経済をよくするために政府からの支援を受けられないとしたら、それこそまさに差別というべきでしょう。

「基地は経済発展の阻害要因」というスローガンは、基地撤去を求めることと経済をよくすることとは、決して矛盾するものではないことを端的に示したといえます。このスローガンが広く受け入れられたことの背景に、いくつかの返還された基地跡地の利用が目に見えてすすんだことがあると思われます。表は、那覇新都心地区など3ヵ所の返還前と返還後の経済効果・雇用効果を

表　返還跡地の経済効果

既返還 駐留軍用地跡地	直接経済効果（億円／年）			雇用者数（人）		
	返還前	返還後	倍率	返還前	返還後	倍率
那覇新都心地区	52	1,634	32倍	168	15,560	93倍
小禄金城地区	34	489	14倍	159	4,636	29倍
桑江・北前地区	3	336	108倍	0	3,368	皆増
合計	89	2,459	28倍	327	23,564	72倍

出所）沖縄県『沖縄から伝えたい。米軍基地の話。Q&A Book』より

比べたものです。どの指標をとっても効果は絶大であるといえるでしょう。

しかし筆者は、軍事基地と民間の経済施設との間にこうした違いが生じるのは当たり前のことであり、そもそも比較すること自体に意味がないと考えています。

基地は政治施設である

基地が存在することによって、地域経済や自治体の政策に何らかの影響が及ぶことは確かです。ましてや沖縄のように、巨大な基地が数多く存在すれば、大きな影響がないはずがありません。しかしだからといって、基地が経済的に有意な存在とみることができるとは思えません。なぜなら、いうまでもなく基地は経済活動の主体ではないからです。基地の設置は、政治的決定によるのであり、したがってその維持・運営に必要な資金は、基本的には租税によって賄《まかな》われています。こうした施設の経済や財政への影響を、工場や事業所などの場合と同じ次元で論じることはできないでしょう。

ある施設が存在し機能することによって地域の経済や自治体財政に

一定の影響を及ぼしている場合、一般に経済効果とか財政効果とかがあるといわれます。経済効果とは、立地している施設が経済活動（発電所における電気の生産、工場における製品の生産、役所や事業所におけるサービス提供など）を行ったことに伴う雇用や物資の調達などに関連して発生するものです。それは、立地した施設の活動にともなう直接の効果、及び直接効果に関連して誘発される波及効果とがあります。波及効果の1つである財政効果とは、そうした経済活動によって発生した企業や個人の所得などに対して自治体が課税権を行使して得られる租税収入を意味します。

他方、経済施設ではない軍事基地の場合、その本来の役割は再生産外的消費というべき軍事活動であり、それは経済的な付加価値を何らもたらしません。また、民間の経済施設であれば活動に必要な資金は自分で調達しますが、軍事基地は租税によって賄われます。経済学の父であるアダム・スミスによれば「海軍や陸軍は平時は何も生産しないし、戦時には戦争を続けている間すら、その維持費を賄えるものは何も獲得しない。自分では何も生産せず、他人の労働によって維持されている」（『国富論』第2編第3章）のです。

それでも自衛隊の基地であれば、自衛隊員は国家公務員ですから、隊員の所得に対する課税収入が発生します。他方、米軍基地が存在することにより、どんなに多くの米軍人・家族・軍属が集まって活動し、所得を得ようとも、当該自治体への直接の財政収入はほとんど生じません。なぜなら、日米地位協定によって、米軍関係者はほとんどの公租公課を免除されているからです。

これは自治体の立場からすると、米軍基地の存在によって騒音など多大な被害を受けている上に、様々な公共サービスを提供しているにもかかわらず、課税権を行使できないということを意味します。

軍事基地を維持するのにどれだけの租税収入を充当するかは政治によって決まります。したがって、基地の存在が、地域経済や自治体財政に影響を及ぼすとしても、それは経済効果ではありません。日本政府の政治的決定によって過重な基地負担を半世紀以上も負わされた上に、さらなる新基地建設が強行されようとしている沖縄の場合、こうした差別政策の受入れを迫ることを目的とした施策によってもたらされるものだと考えるべきです。つまり基地受入れという「政治効果」をもたらすとはいえても、経済効果とは決していえません。

先の表では、返還前と後の比較の便宜上ともに経済効果と表記しましたが、基地関係のそれと跡地利用の結果としてもたらされるものとは、質的にまったく異なります。基地関係のそれは、基地を確保するという日本政府の政治目的を実現するための財政措置を主な源としているもので、沖縄の人々や自治体にはまったく裁量権がありません。それに対し、跡地利用による経済や財政への効果は、自分たちが決めて実行したまちづくりや地域づくりによって人や事業所が集まり経済活動をおこなった成果ですし、自治体にもたらされる収入も課税権を行使した成果です。その質的相違からして、返還前と返還後を比較すること自体がまったく意味をなさないのではないでしょうか。

基地は膨大な機会費用を余儀なくさせるもの

基地と経済に関連して問題にすべきは、長年にわたり沖縄に過大な基地負担を押しつけてきたことによる莫大な機会費用ではないでしょうか。機会費用とは、「ある選択肢を採用したとき、他の選択肢であれば得られたであろう潜在的利益のうちの最大のもの」（広辞苑）を意味します。沖縄の人々は、米軍基地に土地を提供することを選択したのではなく強制されたのですが、そうした強制によってどれほど「潜在的利益」を失ったかを考えてみましょう。

まず考えるべきは、平地が多くを占めている本島中部地域の4分の1近く、約65㎢が今日なお米軍基地で占められていることによる機会費用の大きさでしょう。当該地域の人口は、復帰直前1970年国勢調査で32万人弱でしたが、復帰後も順調に増加し、2015年の国勢調査では約62万人と2倍近い増加となっています。その面積は約283㎢で、政令指定都市のうち千葉市271㎢とほぼ同じです。そこに、嘉手納飛行場、普天間飛行場の2飛行場及び関連施設が集中しているのです。ちなみに、嘉手納飛行場と隣接する嘉手納弾薬庫を合わせた面積は4644万㎡で、日本の主たる米軍基地（三沢、横田、厚木、横須賀、岩国、佐世保）の合計面積を上回っています。これだけでも過大すぎる負担というべきでしょう。そういう土地利用を沖縄の人々に強制したことによって、どれだけの機会費用を余儀なくさせたのか、想像を絶するというほかありません。

本島北部地域も、14・5％が米軍基地で占められています。比率は中部地域より低いですが、面積では約120㎢と中部地域の約1.8倍にもなります。その多くが山林ですが、当該地を含む「琉球・奄美」を日本政府が世界自然遺産に推薦するほど、自然環境が豊かなところです。もし米軍基地がなければ、おそらく世界でも一級のリゾート地となり得るところだといえるでしょう。

ところで、その世界自然遺産登録の申請について、ユネスコの諮問機関である国際自然保護連合（IUCN）は2018年5月に「延期」を勧告しました。その判断理由によると、基準に合致しない理由として挙げた「資産の分断」について、北部訓練場跡地を推薦地に組み込まなかったことが主な要因であることが明らかになっています。

故久場政彦教授は、こうした機会費用を「オポチュニティー・ロス（機会喪失）」とも述べています。さらに教授は、沖縄で「軍事基地の造成でコンクリートが敷き固められ、あるいは掘り崩されている」ような「建設投資は県民の経済活動になんらの果実をあたえていないのみならず、基地が返還されたあと有害物汚染の浄化、地形の復元など平和的使用に供するためには少なからざる期間と莫大な投資が必要とされる」という「ネガティブ・インベストメント（負の投資）」であるとも指摘しています。[*1]

沖縄は基地に寄生されている

人口減少に歯止めがかからないこの国における都道府県別人口動向をみると、首都圏と愛知県を除いて人口が増え続けているのは沖縄県だけです。とくに、出生率が高く自然増となっているのが沖縄だけであることは刮目《かつもく》に値します。人口は様々な経済指標の基本中の基本ですから、沖縄は潜在的な成長力を最も有している県だといえるでしょう。

実際、ここ数年の沖縄経済は良好な状況が続いています。例えば、基幹産業である観光の場合、２０１７年の入域観光客が前年比9.1％増えて９３９万人となり、初めて９００万人台を突破しています。観光客数は５年連続で過去最高を更新し、そしてわずかですがハワイを上回りました。[*2] ２０１８年１月１日現在の公示地価をみると、県内地価の平均（全用途）は前年比プラス5.7％で、５年連続の上昇、全国平均のプラス0.7％を大きく上回り、変動率は全国１位となっています。[*3] 雇用面での非正規雇用率の高さなど改善すべき点は多々ありますが、[*4] 全体としておおむね良好といえます。

こうした状況を反映して税収も順調に増加しています。例えば、沖縄国税事務所によると、２０１６年度の県内の国税収納額は前年度比3.0％（１０２億２０００万円）増の３４７６億５１００万円となりました。増収は８年連続で、復帰後最高を記録しています。税目別では、個人所得税の増加が顕著で、源泉所得税は3.7％（23億４７００万円）増、申告所得税は11・６％（36億７８００万円）増となっています。[*5] また同年度の法人税の申告実績によると、申告件数は前年度比4.4％増の２万４０１１件、申告所得金額は7.3％増の２５６７億５８００万円、申告税額は2.7％増の５２９億２０００万円となり、いずれも復帰後の過去最高を更新しています。黒字申告した法人の割合は1.1ポイント増の40％で、全国12ヵ所の国税局・国税事務所の中でトップでした。[*6]そして県の税収も増えています。２０１６年度のそれは前年度比６％（68億８９１８万円）増の１２２４億円５２４３万円と過去最高となっています。ちなみに全国の都道府県税収入は前年度比0.5％増にすぎず、沖縄県の伸び率は断トツの１位です。[*7]その結果、県の財政力指数が向上し、かつては財政力指数が0.3未満と最も低いＥグループに属していましたが、２０１５年度決算からは0.3を上回るようになり0.3以上0.4未満のＤグループに属するようになっています。

政府や地方自治体は、租税を主たる財源として運営される〝サービス産業〟です。したがって財政力を高めて公共サービスを充実させる王道は、税収を増やすことです。基地に占領されているということは、この王道を追求する途も絶っていることを意味するといえます。

いずれにせよ、成長著しいアジアに最も近くに位置し、人口増加が続いており、したがって総人口にしめる若年世代の比重が相対的に高い沖縄にはまだまだ潜在力があります。

ちなみに政府も「経済財政運営と改革の基本方針２０１８」において「沖縄振興」について「沖縄は、成長が著しいアジアの玄関口に位置づけられるという地理的特性や全国一高い出生率など、大きな優位性と潜在力を有している。これらを活かし、日本経済再生の牽引役となるよう、国家戦略として沖縄振興策を総合的・積極的に推進する」と謳《うた》っています。なんらの経済効果も財政効果もなく、膨大な機会費用をもたらすしかない米軍基地をなおも沖縄に押しつけ続けることは、政府自らの国家戦略にも反するといえるのではないでしょうか。

沖縄は基地に依存しているのではありません。膨大な基地に寄生されて、経済発展の機会を奪われているのです。

注

＊1　宮本憲一・佐々木雅幸編『沖縄　21世紀への挑戦』岩波書店、２０００年より。
＊2　「沖縄観光客ハワイ超え」『琉球新報』２０１８年2月2日付。
＊3　「県内地価5.7％上昇」『琉球新報』２０１８年3月28日付。
＊4　総務省統計局「２０１７年就業構造基本調査結果」によると、沖縄県の役員を除く雇用者全体に占める非正規職員・従業者の割合は43・1％で、5年前に比べ1.4ポイント減少したものの、前回に続いて全国で最高です。若年者（15歳～34歳）についても沖縄県が44・4％（5年前は50・4％）と最も高くなっています。
＊5　沖縄国税事務所「平成28年度の租税収入状況について」２０１７年9月20日より。
＊6　沖縄国税事務所「法人税等の申告（課税）事績」２０１７年11月8日より。
＊7　沖縄県総務部税務課『平成28年度沖縄県税務統計書』より。

第Ⅱ部　飛び立つ沖縄未来へのメッセージ

1　翁長知事
—残したものと遺志の継承

仲地　博

翁長雄志が命を懸けたもの

7月27日翁長雄志知事は、「私は、今後もあらゆる手法を駆使して、辺野古に新基地は造らせない」と述べ、新基地阻止の最強のカードである、埋め立て承認を撤回する手続きに入ることを表明しました。これが公の場に現れた氏の最後の姿でした。30日再入院し、8月8日逝去されました。

かねて予定されていた8月11日の埋め立てに反対する県民大会は、目標の倍の7万人（主催者発表）が結集し、追悼集会の色を濃くしました。時折降る雨に、人々は天が知事を悼む「涙雨」だとささやき、翁長氏が座るはずだった椅子には、「辺野古ブルー」の帽子が氏の身代わりを務めていました。登壇者は、口々に氏が命を懸けて新基地反対を貫いたと評価しました。

翁長氏が命を懸けたのは、新基地だけではありません。ジャーナリストの福元大輔氏が、「沖縄に基地を押し付け続けることが当たり前なのか。…子や孫のために誇れる沖縄を築く。翁長知事が命を懸けたのは、難問を解決するだけでなく、諦めない不屈の精神を次の世代に伝えることだったと思う」（8月9日付沖縄タイムス）と論じているように「誇れる沖縄」、「不屈の精神」がその根底にあったのです。

オール沖縄の成立

オール沖縄が政治勢力として沖縄政治の地平に明確な姿を現したのは4年前の知事選です。当時私は選挙結果について地元紙上で次のように論評しました。

「知事選は、事実上仲井眞弘多氏と翁長雄志氏の対決になった。両氏は有権者にどうアピールしたか。仲井眞氏は従来の知事選通り、基地か経済かの選択を求めたのであるが、翁長氏は、『沖縄の尊厳』を中心に据えた。仲井眞氏の主張した、『普天間基地の危険性除去を最優先』、『流れを止めるな』はそれなりの説得力を持つ。しかし、普天間基地の県外移設は軍事上可能であることを県民は民主党政権下で確信し、また基地を強要する政府にオール沖縄で対峙する経験をした。このような経験は、『保守だが、沖縄の保守』、『イデオロギーよりアイデンティティ』、『誇りある豊かさ』を訴えた翁長氏に共鳴した。」

翁長氏は、従来の保革を超えたあるいは保革を内包する「オール沖縄」という枠組みを作りあげ県民の支持を得たのです。オール沖縄は辺野古新基地反対の一点でまとまったのであり、全基地撤去や日米安保体制に触れる政党はありませんでした。「革新」側が腹八分で自己の主張を抑えたのです。

他方、前知事が行った埋め立て承認を取り消すことについては、「保守」側に抵抗感がありました。選挙前に県政野党（社民党、共産党、社大党）が最初につくった政策協定の案は、「埋め立て承認の取り消しをする」ということだったのです。ところが翁長氏の周辺が「これはきつ過ぎる」ということで、最終的な政策協定は「取り消しを求める県民世論を尊重して辺野古移設に反対する」という表現に変わりました。「保守」も腹八分で妥協したのです。

自己決定権を求めて

1995年の米兵による少女暴行に対する怒りを契機として沖縄の反基地運動は高揚します。大田昌秀知事（当時）は、新基地に徹底抗戦をして国の中枢を揺さぶり、国民も沖縄基地に強い関心を寄せました。氏の抵抗に対して、総理大臣は知事を訴え、最高裁判所は知事を敗訴させ、国会は基地確保の法律を制定し、かくして沖縄の抵抗は封じ込められましたが、しかし重要なことがあります。沖縄の県民性は、事大主義（支配的勢力に迎合すること）と言われてきましたが、国に対して物申す沖縄の新しい県民像を作りあげたことです。

2014年オール沖縄の旗を掲げた翁長知事が登場しました。沖縄政治の対立の基軸は、国対沖縄になったのです。氏がしばしば使った表現が「保守は生活と経済を主張し、革新は平和と誇りを訴えた。基地を挟んで保守と革新がそれぞれいがみあった。それを上から見て笑っている人々がいる。それは日米両政府だ」。巨大な権力に対抗するためには、沖縄がまとまらなければならない、それが氏の信念だったのです。

2015年9月翁長氏は国連で「沖縄の自己決定権がないがしろにされている」と演説しました。翁長知事による埋め立て承認の取り消しや撤回に向けた手続きは、国策に対抗した沖縄の自己決定権の行使であり、それが知事の行為として形を取ったと言えます。その意味では、翁長氏はすでに一定の成果を獲得しているのです。

遺言

翁長氏の著書『戦う民意』(2015年、角川書店)は、知事就任後間もない時期の出版ですが、任期途中の死を予感していたのか、次のように述べています。「私だけは政治的に死んでも肉体的に滅んでも、沖縄を代表して言いたいことを言おうと思う。」「私たちが屈することなく立ち向かっていく姿を子どもたちに見せれば、子どもたちは子どもたちなりの判断をして力強く生きていくと信じます。」

遺言といっていいでしょう。責任世代として自分たちの姿を子や孫に伝えることが翁長氏を悼むことなのでしょう。

2 沖縄と憲法

高良鉄美

沖縄戦の開始から現在まで、沖縄の民意は日米政府によって幾度も蔑《ないがしろ》ろにされてきました。1945年4月1日、沖縄住民を米軍ニミッツ元帥《げんすい》の統治下に置くという一方的宣言（ニミッツ布告）による占領が開始されました。米軍は沖縄本島に上陸したばかりで、住民は日本軍とともに行動をとっていた最中の発令でしたが、沖縄住民にとっては自らの意思と無関係に他国の統治下に置かれることへの衝撃が大きかったといえます。

米軍主導とはいえ、敗戦直後の8月に住民行政組織としての沖縄諮詢会《しじゅんかい》が置かれ、9月には日本初の男女平等参政権による市町村長、市町村議会議員選挙が沖縄で実施されました。住民意思を政治的に反映する手段の獲得により、異民族支配に対する不満は徐々に民意として政治的に噴出してきました。自治権要求の民意の高まりに、米軍政府は四つの群島政府（奄美、沖縄、宮古、八重山）を設置し、各群島知事を住民が直接選挙する制度を導入しました。選挙の結果、米軍の政策に異議を唱えたり、日本復帰を訴えたりする者などが当選し、時により四群島知事共同宣言を出すなど米軍の意図と奄美・沖縄の民意とは大きく乖離していたのです。

同時期に日本本土では男女平等参政権による帝国議会衆議院選挙が行われ、憲法の制定議論がなされていましたが、選挙法の改正で、沖縄選出代表議員の姿はありませんでした。沖縄では米軍政が敷かれていたとはいえ、憲法制定に関連して沖縄の代表が入るべきとの議論は、一切なかったのです。これは政府が沖縄の民意に目を向ける必要性を感じていなかったことを示したものともいえます。

講和条約締結前（1951年）に、奄美・沖縄ではいち早く本土からの分離反対の嘆願署名運動が始まりました。沖縄住民の7割（奄美9割）を超える分離反対の民意は一顧《いっこ》だにされず、講和条約発効の4月28日を沖縄では「屈辱《くつじょく》の日」（奄美「痛恨の日」）と呼びました。沖縄の民意にさらに屈辱を与えたのが、節目の周年にも当たらない2

013年の政府主催「主権回復の日」の式典挙行です。自国の一部を他国に差し出すのは本来的には「屈辱」そのもののはずです。沖縄を米国施政《しせい》権下《けんか》に置くことに何の「屈辱」も感じずに、65年以上経った現在も未だそのように位置付けていることが、実は辺野古新基地建設問題とシンクロナイズしているのです。当時の沖縄分離は、平和憲法からの分離をも意味しており、地域差別的分離から「復帰」したはずの現在でも、憲法を意図的に適用しない状態が継続しているのです。

「核抜き本土並み」の日本政府の復帰方針の実体は、米政府の絡《から》んだ「核密約付き米軍基地維持」の沖縄返還であり、「米軍基地撤去」という沖縄の民意とかけ離れていました。復帰直前の1971年末、沖縄の米軍基地を維持するため、いわゆる「沖縄公用地法」が制定されました。憲法95条は、一地方公共団体だけに適用される特別法が、当該地方の住民投票による同意なしには制定できない旨を定めています。同法は一見してわかるように「沖縄」だけに適用される特別法です。4ヵ月半後には復帰することが既定（返還協定批准済み）となっていた沖縄を意図的に「沖縄県」とせず、憲法上の地方公共団体ではないとして、憲法95条を適用しなかったのです。日本政府は「沖縄の民意」を取り込んでは米軍基地が維持できないとして、憲法規定の意義をも封じ込めてしまいました。自国の政府が自国の国民（ここでは沖縄住民）の意思を蔑ろにしようとする姿勢は、戦前から変わっていないともいえます。

米国統治の不条理な状態の中で、平和憲法の下への復帰を求めて、島ぐるみの抵抗運動を展開してきた沖縄住民の念願は達成されたのでしょうか？　1995年、戦後50年の節目に当時の大田知事は駐留軍用《ちゅうりゅうぐんよう》地特措法《ちとくそほう》に定めた「代理署名」を拒否しました。これに対して政府は職務執行命令訴訟を提起しました。沖縄県は駐留軍用地特措法の違憲性を指摘しましたが、裁判所は、実質的に沖縄にのみ適用されている同法を合憲と判断したのです。これでは文言上は一地方公共団体の名前が掲げられなくても、政府がその地方にのみ、特定の法を適用できることになり、憲法95条の存在意義が滅却されてしまいます。

翁長知事の名言「ウチナーンチュ、ウシェーテー、ナイビランドー（沖縄県民を蔑ろにしてはいけませんよ）」という言葉は、県民の「民意」を指しているのです。何度も民意を蔑ろにされた、同じ歴史体験の中に育まれた思いは、島ぐるみの自己決定権の訴えに他ならないのであり、その思いが「オール沖縄」を創ったのです。憲法は地方の民意を決して蔑ろにはしません。主権者である日本国民も地方自治の憲法理念に沿った憲政（立憲主義政治）を支持すると信じています。沖縄はそのために平和憲法の下への復帰を求めてきました。地方自治は民主主義の学校と言われますが、辺野古新基地建設問題はまさに日本の民主主義を測る試金石だといえます。

3 米国の海外基地と地位協定

我部政明

第二次大戦後に自国軍を海外に駐留させている米国は、これまでに100以上の国との間で、平時における米軍将兵の身分を保護する地位協定を結んでいます。米軍を受け入れている国では、平時における自国軍の活動について一般的には国内法で定めると同様に、米軍について国内法による根拠づけを必要とします。軍隊の派遣国とその受け入れ国の双方にとって根拠とされるのが、その両（多国間の場合もある）政府間で結ばれる地位協定です。戦時を除けば、派遣する国つまり米軍の場合だと米国は、地位協定を結ぶことで、受け入れ国での米軍将兵の身分を守ります。加えて、個々の地位協定とその関連取り決めの規定によっては、米軍にとっては受け入れ国から制限を受けない形での基地使用が可能となっています。日本では米軍の基地使用に関し日米間での具体的規定がないため、米軍のほぼ自由な使用が認められているのです。

一方、戦時においては、戦争を前提とした国際法を遵守する形で定められた各国の軍法によって、将兵の身分が規定されることになります。また、戦時では戦闘行為を前提とするため、基地使用に制限が加えられることはなくなります。戦時における基地使用に地位協定を必要としないのは、いうまでもありません。

米軍の海外駐留の必須条件として

日本には、1945年8月の敗戦以来、米軍が駐留してきました。1952年4月28日に発効したサンフランシスコ平和条約、そして日米安全保障条約（旧安保条約と呼ばれ、1960年6月に発行した現行の日米相互協力及び安全保障条約とは異なる）と同時発効の行政協定によって、日本における米軍の活動が認められ、同時に米軍将兵の身分が規定されました。その発効日を境にして、占領という戦時の法的状態から平時の主権国家の関係に変わったことにともない、占領を目的とした連合国軍の米軍から単独で駐留する米軍へと変わりました。行政協定を引継ぐ現行の日米地位協定下での合意された事柄の多くが、公開されていないため、日本の国民の間で日米地位協定への不信感を募らせています。

第二次世界大戦にて敗北した日本以外に、米軍は、ドイツやイタリアを占領したのに加えて、戦勝国の英仏にも駐留しました。戦後の米軍による動員解除によりヨーロッパの米軍は削減されていきますが、1948年以降の米ソ冷戦の開始により、西ヨーロッパには米軍が継続して駐留することになりました。西ヨーロッパにおける米軍の継続駐留を基本として、集団的自衛権との名目のもとで、米国と西ヨーロッパの国々に加えてカナダが、1949年4月に軍事同盟の北大西洋条約機構（NATO）を結成して、平時における米軍駐留を認める取り決めを定めたのです。その同盟に参加する国に他の加盟国が駐留する際の将兵の身分を規定するNATO軍地位協定（一般協定）が、1951年6月に結ばれました（1953年8月発効）。その後、米国と受け入れ国の間で補足協定として個別の地位協定が結ばれていきます。両国間で基地使用の具体的取り決めや米軍将兵の身分の取り扱いなどの分野での改定が、必要に応じて行われてきました。

米国のむすぶ地位協定

米国が結んでいる地位協定は、多国間あるいは二国間の同盟条約に基づく場合と、単に外交上の取り決めによる場合の二つの種類があります。

多国間条約としてはNATOがあります。ヨーロッパでは、米軍は加盟24ヵ国の軍隊に適用されるNATO軍地位協定に下に置かれます。また、NATOは加盟国以外のヨーロッパの24カ国と「平和のためのパートナシップ（NATO Partnership for Peace（PfP））」を結び、NATO軍地位協定の適用を行なっています。米国はPfPの半数近くの国々と個別の地位協定を結んで、米軍の駐留が行われています。最近の例では、PfPのジョージアで行われたNATOとの共同軍事演習に米軍が参加しました。

次に、二国間条約に基づく地位協定あります。米国は、いわゆる伝統的な同盟国である日本、オーストラリア、韓国、フィリピンとの間で二国間の同盟条約に基づく地位協定を結んでいます。それ以外に、テロとの戦いの名目で占領したイラク、アフガンそれぞれとの間での地位協定があります。

地位協定の中核は、刑事（および民事）裁判権にあるといわれます。なぜなら任務のために外国に駐留する米軍将兵が受け入れ国での訴追から法的に保護される趣旨が、どの地域協定にもほぼ共通して織り込まれているからです。米軍将兵による刑事（民事）事件を受け入れ国の国内法から除外することは、主権国家との間で、それぞれの法的管轄権にめぐって対決することになり、欧米諸国の間では多くの論考が出されてきています。米国、特に米国議会では、米軍将兵を受け入れ国の法的管轄権のもとにおくと不当な扱いを受けかねないことから、米国がもつべきだとする主張が根強い。それに対し、欧米諸国の識者の間では、これらの米国には米国以外の司法制度に遅れがあると考え、あるいは蔑視感を抱いているからだ、と指摘されています。いずれにせよ、派遣国の米国か受け入れ国のいずれかが、米軍将兵について法的管轄権を持つかを定めるのが、地位協定だといえます。

刑事裁判権をめぐって

刑事裁判権をめぐっては、二つの方法があります。一つは、専属的な刑事裁判権を一方の国が持つ場合です。これが、米国が専属的な刑事裁判権をもつモンゴルとの間で交わされた取り決めです。正式には地位協定の名称ではなく、条約ではなく行政府の権限で結ぶことのできる行政協定の形式の「軍事交流および訪問に関する協定」（1996年6月調印）となっています。その第5条で、すべての刑事および懲罰の裁判権を米国がもつと規定されています。しかし、公務以外の刑事事件の場合、モンゴルに裁判権放棄を求めることができると規定されています。ただ、米国にその放棄を義務付ける規定はないため、米国は単に「好意的考慮」を払うだけで十分だとしています。

もう一つが、派遣国と受け入れ国との間での競合的な裁判権をとりいれた地位協定あるいは取り決めです。その代表的な例が、NATO軍地位協定です。そして、日米地位協定にもほぼ同様な内容となっています。米国は、⑴専ら米国の財産ないし米軍の将兵ないし軍に属する要員およびそれらの家族に関わるもの⑵公務中の作為ないし不作為から生じた犯罪行為の場合、その第１次裁判権をもつ。その他のときは、受け入れ国が第１次裁判権をもつ、とされています。

今後の展望

論争は、公務中とは何かという具体性であり、だれが公務中であるのか否かを認定するのかの規定をめぐってです。もう一つの論争は、裁判権放棄の具体的内容の規定をめぐってです。とりわけ、上記⑴⑵を除く犯罪の場合、第１次裁判権をもつ受け入れ国は、米国の裁判権の放棄要請に対して「好意的配慮」を払い、ほぼ義務的に要請に受け入れるのかどうかです。法文上は、受け入れ国の裁量の範囲内だと解釈されそうですが、米国の要請に限りなく受け入れるべきかどうか、ＮＡＴＯ加盟国内での米国との改定交渉（補足協定）でとりあげられてきた分野です。

また、ＮＡＴＯ加盟国内での米国との改定交渉（補足協定）では、基地使用をめぐる規定の具体化やその判断基準の明確化を求めてきた経緯があります。日米の地位協定に比べると、原則がほぼ同様な法文をもっていても、具体的な地位協定の運用において、日本とは異なった実態を生んでいるのです。

米軍を受け入れるという安全保障上の条件は、米国以外のＮＡＴＯ加盟国と日本にあってはほぼ同じです。なぜ地位協定の運用において異なるのでしょうか。米国の要求と、地位協定を結ぶ受け入れ国の要求との組み合わせによるといえるのでしょう。そのなかでも、米国が日本の基地をどのように使いたいのかを理解することは、地位協定の改定を求める際に、日本にとって有効な交渉材料となります。なぜならば、米国が最も優先したい基地使用を日本がどのように判断するのかによって、米国の要求を変化させ得るからです。

4 沖縄の平和

佐藤　学

尖閣諸島をめぐって

日本の世論を形成する言説では、在沖米海兵隊は、中国が軍事的占領を狙っている尖閣諸島を防衛する突撃部隊であり、海兵隊のための辺野古新基地建設に反対するのは、中国を利するため、中国から金を得て、反対運動が行われている、という事実無根のデマが圧倒的に優勢です。まことに残念なことに、少なからぬ沖縄県民も同様に考えていて、「辺野古新基地建設は嫌だけど、海兵隊は尖閣を守ってくれるから仕方ない」という県民の声を、しばしば見かけます。以下、日米の取決め上も、軍事機能上も、在沖海兵隊は尖閣で何もしないし、できないことを説明します。

日米の取決め

日本では、尖閣「諸島周辺」が日米安全保障条約第5条の適用地域だから、そこへの軍事攻撃に米軍が対応すると信じられています。この根拠は、尖閣諸島の内の久場島、大正島が、米軍の射撃・爆撃訓練の標的として提供されていることですが、これらが日本名ではなく、黄尾嶼、赤尾嶼という中国名で提供施設一覧に掲載されていること、尖閣最大の魚釣島は含まれないこと、「周辺」などとは書かれていないことは、どれだけ知られているでしょうか。加えて米政府の正式見解は、現在に至るまで、「米国は、尖閣の最終的領有権については、中立」なのです。

２０１５年に策定された「日米防衛協力のための指針」では、島嶼の防衛は、自衛隊が「一義的」な責任を負うこと、米軍の役割は、「支援と補完」であることが明記されています。尖閣で米軍は戦闘に加わらないのです。このことを、辺野古建設推進の側の方達が、全国紙で明言しています。香田洋二元海上自衛隊司令官は、「(尖閣) 現場の作戦に米軍が参加すると思っている自衛隊幹部は皆無でしょう」(朝日新聞2017年8月23日) と話し、杉本正彦元海上幕僚長は、「尖閣諸島で紛争が仮に起きた場合も、一義的に対応するのは自衛隊であり、米軍ではありません」（朝日新聞２０１７年12月19日）と発言しています。根拠の無い尖閣への米軍参戦という期待が、日本国民の間に高まっている状況を危惧しての発言なのでしょうか。

軍事的には、海兵隊オスプレイＭＶ－22が、航続距離、巡航速度とも、通常のヘリコプターよりもはるかに優れた革命的新兵器で、これが辺野古から尖閣に飛び、尖閣を守ってくれると日本では信じられています。空軍オスプレイＣＶ－22は、２０１３年12月に南スーダン内戦で、反政府ゲリラ占領地域に取り残された米国市民を救援に飛び、ゲリラの手持ち銃に撃たれて特殊部隊兵員が大怪我をして、救出作戦を中断し逃げた事件を起こしています。オスプレイは垂直離着陸のために機体が軽く、脆弱なので、空軍は特殊部隊用オスプレイに、この事件後に、厚く重い金属製装甲内貼りをしました。しかし、海兵隊オスプレイの役割は、地上戦闘員を訓練場に運ぶ「通勤バス」なので、装甲強化をする必要はありません。この点を、元陸上自衛隊イラク派遣隊長であった佐藤正久参院議員（現外務副大臣）が、朝日新聞福岡版で「（オスプレイは）輸送機なので武装はしていないから持って行くのは前線でなく後方ですよね。弾が飛び交う中には行きません。下から撃たれたら終わりだし（後略）」（２０１７年２月25日）と証言しています。

要するに、辺野古も海兵隊もオスプレイも、尖閣での潜在的な戦闘には、全く関係ないということです。他にもその「事実」を示す日本政府側の証拠・発言が多々あります。この事実が日本でもっと知られていたら、翁長前知事があれほど苦闘する必要はなかったのではないと悔やまれます。

中国にどう向き合うのか

他方、中国が軍事的な影響力を拡張してきていることも事実です。90年代からの圧倒的な経済成長を背景に、自らの勢力圏を太平洋からユーラシア大陸深くまで確立しようとしています。そのような超大国としての中国とどう向き合うかを、私たちはきちんと考えるべきです。今は、米国の尖兵として自衛隊を差し出し、基地として沖縄を貢ぎ、言われるままに役割も定かでない高額な兵器を米国から買い続ければ、米国が守ってくれるとだけ考えているでしょう。中国との軍事衝突のイメージが、遠い沖縄の、そのまた先の尖閣に限定されているから、大方の日本の人々には他人事のようです。しかし、現時点で世界第2位と第3位の経済が、直接戦争を始めればどのような結果になるでしょうか。

先の香田記事に、米国の役割は、中国との全面戦争であり、日本全土がその前線基地として使われるとの発言があります。これは、安保条約からは極めて当然の指摘です。そのことが日本社会では誤魔化されて伝えられてきたことが問題なのです。宮古島、石垣島、与那国島に自衛隊基地を造って、中国との軍事衝突に備えたつもりになっていれば、戦争だけは回避しなければならないという国民意識は衰弱します。その先は、尖閣、沖縄限定の小規模戦闘では済まなくなり東京が攻撃されることは、軍事的には当然の帰結です。

では、米国から中国に乗り換えて、中国の属国になるべきなのか。中国は、共産党独裁政権であり、習近平政権は、インタネット空間にすら完全な言論統制を敷き、さらに外国に対する言論統制も狙っています。言論・思想の自由、人権を尊重する私たちの立場からは、中国への追随は絶対に認められません。

米国が日本に都合の良い対中戦争をしてくれないならば、もはや米国は頼りにならぬと、日本が独立国として自前の軍事力増強で中国の脅威に対峙すべきという主張も出てくるでしょう。しかし、中国経済の規模がこれほど大きくなった今、日本の財政状況から考えて中国に対抗する軍拡は、全く現実味のない空論です。

だから、原理的に相容れない国であろうと、戦争をするわけにはいかない、その大前提の下で、平和的に共存していく方法を見出す他に道はないではありませんか。対中国軍事衝突の可能性が高まれば、沖縄の平和は侵されます。しかし、それは沖縄限定の問題ではないことを、日本社会は考えるべきです。沖縄の痛みを共有するという次元の話ではなく、自らの将来の問題として。

5 沖縄の自治

島袋　純

沖縄の自治を理解し、これからの自治の姿を思い描くにあたって、日本の自治研究には限界があると思います。限界どころか、問題を矮小化し、不可視化し、解決策を不可能とする可能性すら高いということです。善意であればあるほど、そのことにほとんど無自覚になります。この限界は、日本の行政学研究の土壌で自治を研究した私自身の限界であり、琉球大学に勤め沖縄の自治について取り組み始め自覚するようになりました。

例えば、原発と自治の問題と同じ構造に置かれていると、沖縄の自治を当てはめて考えるなどです。エネルギーの国策としてどうしても必要と言われた原発、その建設による「自治」の喪失、国への「依存」を自治と自らすり代えて正当化していく現場の実態、財政補償による受け入れを羨《うらや》み、何かあれば自業自得として見放す他の都市や地域等々が同じ構造であるとされます。さらに言えば、原発交付金の仕組みや高率補助事業を一括して扱う復興庁の仕組みは、米軍再編交付金や沖縄振興体制と酷似しており、自治体の予算編成に極めて大きな影響力を持ち、自治体が努力すればするほど、「自治」が一定の方向に誘導されてしまいます。

確かに、財政脆弱《ぜいじゃく》な地域に、国策の負の側面を、少しばかりの優遇措置によって、地域自らが欲したと称して押し付けていく構造は似ています。そして、それが自治を破壊することに直結しても、国策を黙って容認せざるを得ないような、反対を委縮させるような高圧的な空気を政府が、大手メディアが、国民多数が作り出していきます。その圧力の前に深刻な被災地でさえ押し黙ってしまいます。押し黙らせること、押し黙ることで政治的共同体がようやく維持できると信じているかのごとく。

優遇措置は基地受け入れが前提と高圧的にあるいは悪意をもって言われ同調を強要され、日本の政治的共同体に異を声高に唱え黙らないとなれば差別され、共同体から排除されていくでしょう。

しかし、沖縄は黙らない。沖縄の声を封じようとする圧力はすさまじく、その圧力に同調し、口本政府に協力するしか沖縄の発展はないとする政治家や候補者、首長、議員、職員も少なからずいます。かつての稲嶺県政然り、仲井眞県政然り、しかし、そういう保守県政でも極めてハードルの高い要求を政府に突き付けてきました。多数の沖縄の自治を担う人々、そして自治を支える人々は決して政府に同調しないのです。沖縄は決して黙らない。なぜでしょうか。

圧倒的な暴力、経済支援を暴力的に用い時には直接的な暴力の行使を伴う権力に対峙《たいじ》して、人々の自由と基本的権利を守るため沖縄の政治的共同体を作り上げてきました。過酷な米軍支配のもと、自由と権利を守っていこうとする政治的共同体を練り上げることによって沖縄の自治は支えられてきました。日本の他の地域にはない歴史です。沖縄を自治を語る上のその事実が圧倒的な意味を持ちます。翁長知事の登場もその文脈の上でとらえるべきです。

施政権が日本政府に移譲され、構造的暴力はますます巧妙に隠蔽《いんぺい》され同時に沖縄の人々の生活の間に徹敵的に浸透していきました。つまり、在沖米軍基地の人権侵害を幾多の特別な法制度をもって正当化され、日本の法制度、司法、研究や教育、メディア、世論が支える構造的暴力を強化し、また同時に暴力を認識できないように不可視化し続けてきました。

しかし、オスプレイの配備と新基地建設は、選挙で何度も示された沖縄の民意をまったく顧みない国策の強行であり、体を張って抗議することを逆に反対派の「暴力」とすり代えて直接的な暴力による取り締まりが開始されました。暴力が露骨《ろこつ》なほど噴出してきました。

オスプレイ配備撤回と新基地建設反対の建白書の取りまとめ役であった翁長氏が沖縄の政治の中心に登場したのは、まさにその時です。主張したのは、沖縄の人々が自らの「アイデンティティ」の元に結束し、強権的な権力に対抗していくことです。島ぐるみ闘争以来の沖縄の権力への闘いの歴史を踏まえ「沖縄が一つになるととてつもなく大きな力になる」として、沖縄が人々の自由と権利を守るための一つの政治的共同体として立ち上がっていくことこそ、それをもって権力と対峙することを沖縄の自治を支える基盤だとしました。他の地域でこういう主張ができるでしょうか。

日本という政治的共同体は、共同体が共有する守るべき価値の中から沖縄の人々の主権者としての権利を除外し、政治的空間の場から沖縄の意思を排除することによって成り立っています。日本国籍を継続して有していた沖縄の人々に選挙権を与えず、憲法制定権力者から沖縄の人々を除外し、9条は憲法の適用除外された米軍基地の沖縄集中によって成り立ち、半永久的な基地の強化存続を沖縄を無視し日米二国間政府のみで決定しています。一つの政治的共同体を破壊していくこと、あるいは作りあげていくこと、これが沖縄の自治をめぐる攻防の根幹にあるのです。

6 脱「基地経済」に挑む沖縄経済

前泊博盛

政府の沖縄関係予算の減額、一括交付金の大幅減額、防衛予算の比率増など、脱基地経済を目指す翁長雄志県政は安倍晋三政権の露骨なまでの「いじめ」にあいながら、脱基地経済を目指す翁長県政の下で、この4年間、沖縄県経済は堅調に推移してきました。

安倍政権の「いじめ」の中で急成長

安倍政権は、辺野古新基地建設に反対する翁長雄志前那覇市長が知事に就任すると、恒例の知事就任表敬訪問の申し入れを4ヵ月間も拒絶する大人げない対応に出ました。直後の2015年度政府の沖縄関係予算編成では、前年度（3501億円）から160億円を減額し、露骨に締め付けを始めました。3500億円まで回復していた政府の沖縄関係予算は、毎年減額され、2018年度には3010億円と単年度で500億円も減額されています。

中でも沖縄県が自由に使える「一括交付金」を100～250億円も削減され、市町村レベルまで締め上げてきました。政府に異議を申し立てると「兵糧攻め」の制裁を受ける。この国の政治の強権ぶりを思い知らされた4年間になりました。

その一方で、沖縄県経済はしっかりと成長・発展を続けてきました。米軍基地返還跡地の急成長、高経済効果、観光振興などもあり、県内総生産は2014年度の4兆511億円から2017年度には4兆3860億円と3300億円増加しています。直近の経済成長率は2.5％と全国の1.9％を超え、実質経済成長率は全国一。人口増加率も東京を超え全国一。地価上昇率も東京を超える全国一の伸びとなっています。

中でも観光経済は絶好調で、沖縄を訪れる入域観光客数は2014年度の705万人から958万人と253万人も増加。観光収入も5169億円から6979億円とこの4年間で1800億円増と急増しています。

全国最悪の完全失業率も5.4％から3.8％に改善され、直近の2017年の有効求人倍率は1・11倍と沖縄の施政権が米軍から日本に移管された1972年以降、初めて1倍を超える「人手不足」時代へと突入しています。

2012年には週49便に過ぎなかった沖縄とアジア各地との直行便数は2017年には210便と4.3倍に増加し、海外からの大型クルーズ船寄港数も125回から515回と4倍に増え、2018年は662回の寄港が見込まれています。

情報通信関連産業の雇用者数も増加を続けています。直近の4年間で雇用者数は4300人と1.2倍に増え、2016年現在で2万8045人の雇用を達成しています。

高齢化が課題だった農業も、肉用牛などの畜産が好調で、全国平均の倍の28・1%の高成長率で、2016年度の農業産出額は1025億円と21年ぶりに1000億円を超え、販売農家一戸当たりの所得は388万円と全国平均（297万円）を超え、全国8位の高水準となっています。

沖縄経済は、今後も大きな成長が見込まれています。日本経済研究センターによる都道府県別の中期経済予測では、2020年まで沖縄の実質経済成長率は、首都東京をおさえ全国一位。「公共投資や民間住宅投資による建設業の安定性、観光業の堅調な成長、国や県の企業誘致と優遇税制によるIT業・金融業・物流業の伸び、コールセンター等のBPO（アウトソーシング事業）拠点の集積によるサービス産業の伸び等、高い実質経済成長の要因は数多く挙げられますが、最も直接的な要因は、全国一位の人口増加率」と指摘されています。

「非正規」増と最悪の「こどもの貧困率」

眩《まばゆ》いばかりの好調な沖縄経済の裏側で、深刻な陰を落としているのが、「雇用のミスマッチ」による非正規雇用の増加。そして全国の倍の水準と最悪の「こどもの貧困率」です。

完全失業率は3.8%に改善されたものの、全国平均の2.8%に比べ、高水準のまま。「全国最悪」の課題克服には程遠い状況にあります。職種による有効求人倍率の格差も大きく、保安やサービス業は高倍率となる一方で、事務職などは求人が少なく、雇用のミスマッチの解消が急務となっています。

２０１７年の就業構造基本調査では雇用に占める「非正規」の割合は43・1％と全国平均（38・2％）を5ポイント近く上回り、全国一高くなっています。特に15歳～34歳の若年層の非正規率が44・4％と、全国平均の32・9％を11・5ポイントも高くなっています。中でも、好調な沖縄経済を支えているはずの宿泊・飲食サービス業の非正規率は68・1％。給与所得が全国最低の水準で、年収１００万円未満の就業者2万人余りを生む背景に「宿泊・飲食サービス業」があり、多くが非正規雇用下での就業を余儀なくされています。

「大人の貧困」は、「こどもの貧困」に直結し、沖縄県のこどもの貧困率は29・9％と全国の倍の水準となっています。翁長県政は解消に向けて「県こどもの貧困対策計画」（２０１６年度～21年度）を策定し、基金30億円を創設し、市町村などとも連携して就学援助などに取り組んできましたが、貧困解消の効果は思うように上がっていないのが現状です。

翁長県政は「国土の0.6％の面積に過ぎない沖縄県に米軍専用移設の70％が集中し、広大な基地による逸失利益は1兆円。基地は県経済の発展も阻害している」と告発。脱基地経済を打ち出すと、安倍政権は一般予算を減額し、防衛予算の比率を増やす「基地依存経済」化を促す予算操作すら密かに実施しています。

翁長知事の急逝を受けて実施される9月30日の沖縄県知事選挙を前に、安倍政権は「新知事の辺野古移設への態度によって年末の予算編成で（沖縄予算は）増減する」（２０１8年8月23日付「朝日新聞」朝刊）と牽制しています。沖縄予算の中でも「沖縄子供の貧困緊急対策事業」の全額補助の削減を公言しています。日米同盟のためなら子供の犠牲も辞さずという「安倍・菅政権」の強権的政治に、どう挑むか。沖縄の民意の行方が注目されています。

安倍政権は沖縄予算の削減、4年後に切れる沖縄振興計画の延長の可否を「人質」に、知事選最大の争点となるはずの普天間・辺野古新基地建設の「争点ぼかし」の戦術を進めています。税金を賄賂に使う政府の姑息な手段に翻弄されない「自律・自立経済」の確立が鍵となりそうです。

7 「戦争はさせない」の心を受け継いで

島袋淑子

翁長雄志知事は、知事になる前も、知事になってからも、一貫して辺野古に基地はつくらせないという意思を何度も表明され、行動されてきました。私は、この知事がおられる間に沖縄の基地が少しは減るだろうと期待し、応援してきました。その翁長知事が亡くなったことは、本当に残念で身内が亡くなったくらいに悲しかったです。多くの沖縄の人たちがこれからも翁長さんの志を受け継いでがんばってくれると信じています。

何も知らされずに戦場へ

私は、沖縄師範学校女子部に在学中の17歳のときにひめゆり学徒隊として沖縄戦に動員されました。那覇市の9割が灰燼《かいじん》に帰した1944年10月の「十・十空襲」の後、看護婦が足りないというので動員されて、南風原《はえばる》の陸軍病院で包帯の巻き方などの簡単な訓練だけを受けて、実際の戦場に行かされました。いまの人たちには、私たちが元々看護の勉強をしていたから動員されたのではないかと思う人もいるかもしれませんが、そうではありません。ただ、それでも戦場に行くときには、ラジオの放送は敵機を何機撃墜したとか、戦艦を何隻やっつけたとか、勝った報道ばかりで他に情報を得る手段はありませんでしたから、勝ち戦だから1週間ぐらいで帰ることができるぐらいにしか考えていなかったんです。

でも報道はウソでした。米軍の上陸作戦で艦砲射撃がはじまると、全身やけどを負った人、両手がない人、両足がない人。もう想像を絶するほどの重症患者さんがたくさん運ばれてきました。水をくれといわれても、軍医からは「水をやってはいけない」といわれたので、一滴の水も飲めないまま死んでいく人を目の前でみて、ぶんなぐられてもいいと思って水をあげました。いちばん怖かったのはお腹をやられて腸が飛び出た患者さんを介抱するときでした。お腹をやられて死にたくないというので、水くみに行くときとか伝令に行くとき、私たちは「神様！　即死でお願いします」と手を合わせたものです。実際に苦しんでいる兵隊をみていますから、いつも「即死、即死」といい合っていました。

解散命令後が大変でした。壕で死んだ人、第一外科で死んだ人は分かりますが、解散命令後に亡くなった人はどこで亡くなったのか、いつ亡くなったのか、最後がどうだったか何も分かりません。いまでもひめゆり学徒隊の七十人余は亡くなった場所さえわかりません。

沖縄戦を知らなすぎないか

そういう戦争の実際を、生き残った私たちが伝えなければいけない。それが戦争をさせないこと、平和を守ることにつながる。そう思って、1989年に先輩たちと話し合って、ひめゆり平和祈念資料館をつくりました。そして2011年から7年間、館長を務めて2018年3月に退職し、4月から戦後世代の普天間朝佳さんに館長をバトンタッチしました。

いま次の世代の人たちが、私たちの戦争体験を自分に引きつけて、自分に置き換えて、引き継いでくれているのはたいへん心強いです。過去の悲惨な戦争のことを知るためにひめゆり平和祈念資料館を訪れてくださる方がたくさんおられるので、一致団結して資料館をつくって本当によかったと思っています。

でも、とくに本土からひめゆり平和祈念資料館に来られる方に沖縄戦を知らないものだから、「沖縄はよかったですね。戦前はとても貧しかったそうですから、いまこんなに栄えてよかったですね」と、戦争があったことがよかったかのようにいわれる方がいました。私はワジワジーして（頭にきて）「何をいっているんですか。戦前の沖縄は平和があって、よかったんです。那覇は沖縄戦で全部焼けましたよ」とついいってしまうと、「すみません」と謝られました。沖縄戦の実態を知らないんですね。戦争を起こした人、絶対に許せないといつもいい続けています。

どんなことがあっても戦争は、だめ

いまの時代は戦争が遠くなっています。

戦争は、その時代の空気が「しかたがないんじゃないか」という雰囲気になると止めるのはたいへん難しいんです。憲法9条の問題もあって、本当に大事な時代のさなかにあると思っています。世の中が変わって、言論の自由も表現の自由もなくなったら、戦争反対を叫ぶことさえものすごく窮屈になり危ないです。私はたいへん心配しています。

翁長さんは、戦争反対の私たちの思いを受けて、基地を縮小させる、辺野古に新基地をつくらせないために本当にがんばっておられました。基地は戦争につながります。次の知事を担う人も、翁長さんの遺志を受け継いで、この沖縄から戦争につながる基地を減らし、新しく基地をつくらせないことを信念としてがんばってくださる人がなってくださるといいですね。そうなるようにいっしょにがんばりましょう。

どんなことがあっても、戦争はだめです。（談）

2018年8月26日

インタビュアー：島袋隆志・湧田廣

8 翁長知事の死を無にしてはならない

桜井国俊

今年の8月は大変な月であった。筆者は20年近くかかわっている国際協力の仕事で南太平洋のフィジーに8月17日から2週間近く出張することが決まっていた。辺野古新基地建設に向け土砂投入が計画されていたその日である。11月の知事選を睨《にら》み、土砂投入で新基地建設はもはや引き返し不可能とのあきらめ感を県民の間に誘い、名護市長選以上の物量作戦で知事選を制し、イエスマンを知事に押し出そうというのが国の戦略。そうなれば、国が説明に窮していた大浦湾における活断層やマヨネーズ状と称される超軟弱地盤の存在などすべて不問に付される。

しかしひとたび土砂が投入されれば、世界の宝ともいうべき辺野古・大浦湾に回復不可能な環境破壊がもたらされる。何としてでも翁長知事には埋立承認の早期撤回をしてもらわなければならない。

しかし撤回は沖縄防衛局にとっては不利益処分。撤回に先立って聴聞《ちょうもん》を行わなければ、それでなくとも国の言いなりの司法に足を掬《すく》われかねない。聴聞の期間を考えれば7月中旬にも知事には撤回の意向を示してもらわなくてはならない。やきもきした市民が7月16日から一週間、県庁前の県民広場で座り込み、早期撤回をよびかける集会兼学習会を開催。筆者は連日この座り込みに参加し、学習会の講師を務めた。

そして知事の撤回の意向表明が7月27日、聴聞の予定通知が7月31日、聴聞の予定期日が8月9日。ところが前日の8月8日に知事は膵臓がんで急逝する。8月11日の県民集会は涙雨の中での追悼集会となり、7万の県民が知事の遺志を継ぐことを誓った。9月30日に知事選が早まり、気が急くなかで筆者は海外出張する。知事の死を無にすまいと心に誓う旅となった。

（フィジーへの出張から帰宅した8月27日夜に）

沖縄慰霊の日「平和宣言」

二十数万人余の尊い命を奪い去った地上戦が繰り広げられてから、73年目となる6月23日を迎えました。私たちは、この悲惨な体験から戦争の愚かさ、命の尊さという教訓を学び、平和を希求する「沖縄のこころ」を大事に今日を生きています。

戦後焼け野原となった沖縄で、私たちはこの「沖縄のこころ」をよりどころとして、復興と発展の道を力強く歩んできました。

しかしながら、戦後実に73年を経た現在においても、日本の国土面積の約0.6%にすぎないこの沖縄に、米軍専用施設面積の約70.3%が存在し続けており、県民は、広大な米軍基地から派生する事件・事故、騒音をはじめとする環境問題等に苦しみ、悩まされ続けています。

昨今、東アジアをめぐる安全保障環境は、大きく変化しており、先日の米朝首脳会談においても、朝鮮半島の非核化への取り組みや平和体制の構築について共同声明が発表されるなど緊張緩和に向けた動きが始まっています。

平和を求める大きな流れの中にあっても、20年以上も前に合意した辺野古への移設が普天間飛行場問題の唯一の解決策と言えるのでしょうか。日米両政府は現行計画を見直すべきではないでしょうか。民意を顧みず工事が進められている辺野古新基地建設については、沖縄の基地負担軽減に逆行しているばかりではなく、アジアの緊張緩和の流れにも逆行していると言わざるを得ず、全く容認できるものではありません。「辺野古に新基地を造らせない」という私の決意は県民とともにあり、これからもみじんも揺らぐことはありません。

これまで、歴代の沖縄県知事が何度も訴えてきた通り、沖縄の米軍基地問題は、日本全体の安全保障の問題であり、国民全体で負担すべきものであります。国民の皆様には、沖縄の基地の現状や日米安全保障体制のあり方について、真摯に考えていただきたいと願っています。

東アジアでの対話の進展の一方で、依然として世界では、地域紛争やテロなどにより、人権侵害、難民、飢餓、貧困などの多くの問題が山積しています。

世界中の人々が、民族や宗教、そして価値観の違いを乗り越えて、強い意志で平和を求め協力して取り組んでいかなければなりません。

かつて沖縄は「万国津梁」の精神の下、アジアの国々との交易や交流を通し、平和的共存共栄の時代を歩んできた歴史があります。

そして、現在の沖縄は、アジアのダイナミズムを取り込むことによって、再び、アジアの国々をつなぐことができる素地ができており、日本とアジアの架け橋としての役割を担うことが期待されています。

その期待に応えられるよう、私たち沖縄県民は、アジア地域の発展と平和の実現に向け、沖縄が誇るソフトパワーなどの強みを発揮していくとともに、沖縄戦の悲惨な実相や教訓を正しく次世代に伝えていくことで、一層、国際社会に貢献する役割を果たしていかなければなりません。

本日、慰霊の日に当たり、犠牲になられた全ての御霊に心から哀悼の誠を捧げるとともに、恒久平和を希求する「沖縄のこころ」を世界に伝え、未来を担う子や孫が心穏やかに笑顔で暮らせる「平和で誇りある豊かな沖縄」を築くため、全力で取り組んでいく決意をここに宣言します。

平成30年6月23日　　沖縄県知事　翁長雄志

聴聞手続きに関する関係部局長への指示について

（7月27日記者会見 知事コメント）

本日、辺野古新基地建設に係る公有水面埋立承認の撤回に向けて、事業者である沖縄防衛局への聴聞の手続きに入るよう、関係部局長に指示をしました。

辺野古新基地建設に係る公有水面埋立承認処分には、「環境保全及災害防止ニ付十分配慮」という基幹的な処分要件が事業の実施中も維持されるために、事前に実施設計や環境保全対策等について協議をすることや環境保全図書等を変更する場合には承認を得ることなどを事業者に義務づける留意事項を付しております。

しかし、沖縄防衛局は、全体の実施設計や環境保全対策を示すこともなく公有水面埋立工事に着工し、また、サンゴ類を事前に移植することなく工事に着工するなど、承認を得ないで環境保全図書の記載等と異なる方法で工事を実施しており、留意事項で定められた事業者の義務に違反しているとともに、「環境保全及災害防止ニ付十分配慮」という処分要件も充足されていないものと言わざるをえません。

また、沖縄防衛局が実施した土質調査により、C護岸設計箇所が軟弱地盤であり護岸の倒壊等の危険性があることが判明したことや活断層の存在が専門家から指摘されたこと、米国防総省は航空機の安全な航行のため飛行場周辺の高さ制限を設定しているところ国立沖縄工業高等専門学校の校舎などの既存の建物等が辺野古新基地が完成した場合には高さ制限に抵触していることが判明したこと、米国会計検査院の報告で辺野古新基地が固定翼機には滑走路が短すぎると指摘され、当時の稲田防衛大臣が、辺野古新基地が完成しても民間施設の使用改善等について米側との協議が整わなければ普天間飛行場は返還されないと答弁したことにより、普天間飛行場返還のための辺野古新基地建設という埋立理由が成り立っていないことが明らかにされるなど、承認時には明らかにされていなかったさまざまな事実が判明しました。

これらの承認後の事実からすれば、「環境保全及災害防止ニ付十分配慮」の要件を充足していないとともに、「国土利用上適正且合理的」の要件も充足していないものと認められます。

この間、県では、さまざまな観点から国の埋立工事に関する内容を確認してきましたが、沖縄防衛局の留意事項違反や処分要件の事後的不充足などが認められるにもかかわらず公有水面埋立承認処分の効力を存続させることは、公益に適合しえないものであるため、撤回に向けた聴聞の手続きを実施する必要があるとの結論に至ったところです。

私は、今後もあらゆる手法を駆使して、辺野古に新基地はつくらせないという公約の実現に向け、全力で取り組んでまいります。

平成30年7月27日　　沖縄県知事　翁長雄志

アピール

翁長知事の遺志を受け継ぎ、平和・環境・自治の発展で豊かな沖縄をめざす

沖縄県の翁長雄志知事の突然の訃報は、沖縄だけでなく、全国にも瞬く間に広がりました。沖縄県民には、強い衝撃と深い悲しみをもたらしました。

翁長知事は、2014年11月沖縄県知事選で、名護市辺野古新基地建設反対、普天間基地の閉鎖撤去、オスプレイ配備撤回の沖縄「建白書」の実現を公約に圧倒的多数の県民の支持で当選しました。

以来沖縄県知事としての3年9カ月は、政府の理不尽な基地押しつけ政策と対峙し、沖縄の民意を実現するために全精力を注ぎ、「平和で誇りある豊かな沖縄」の実現にまい進してきました。

「辺野古に新基地を造らせないという私の決意は県民とともにあり、これからもみじんも揺らぐことはありません」と2018年6月23日の慰霊の日には、渾身の力で平和宣言を行いました。安倍晋三首相を前にこれまで沖縄の民意を顧みずないがしろにしてきた政府の不条理を問い、知事としての揺るがない決意を表明したのです。

2018年7月27日には「辺野古埋め立て承認撤回に向けた聴聞手続き」に入ることを表明しました。

米軍基地の存在が数限りない事件や事故を引き起こし、県民のいのちと安全を奪い、人権を蹂躙《じゅうりん》してきたこと。「基地は経済発展の最大の阻害要因」であり、国土のわずか0.6%の沖縄県に米軍基地の70%が集中する沖縄への差別的扱いに異議を唱え、その実態を全国に突き付け、政府と不屈に闘い「魂の政治家」といわれる翁長知事の功績は、後世にも燦《さん》然《ぜん》と輝きを放つことでしょう。

翁長知事のご逝去に謹んでご冥福をお祈りするとともに、その遺志を受け継いで辺野古新基地建設を許さず、沖縄県民の民意にもとづき、平和・環境・自治の発展のため全力を尽くして「平和で誇りある豊かな沖縄」の実現に努めていきます。

沖縄県知事選挙は、2018年9月13日告示、30日投票が決まりました。

日本政府が「辺野古が唯一」として、沖縄の民意をないがしろにして新基地建設を強行し、辺野古大浦湾に「土砂投入を強行」することは絶対に許されるものではありません。

私たちは、沖縄県が「辺野古埋め立て承認撤回」することを支持し、世界遺産にも匹敵する辺野古の海とジュゴンやサンゴを守り、新基地建設断念まであきらめない県民の民意の実現、平和と民主主義の発展に全力を挙げて取り組むことを宣言します。

2018年8月20日　　　　　　　　　　おきなわ住民自治研究所

あとがき

いま、緊急シンポジウム「辺野古裁判で、問われていること」（辺野古訴訟支援研究会主催で、2016年2月28日、那覇で開催）の記録ビデオを見聞きしながら、このあとがきを執筆しています。国からの代執行訴訟に果敢に挑む、ありし日の翁長知事の発言が際立ちます。沖縄固有の歴史・文化を振り返り、基地の存在が沖縄経済の発展の最大の阻害要因になっている現状を明らかにし、アジアと日本の架け橋にならんとする未来までをみごとに語り、夢と希望と誇りに満ちた内容です。

翁長知事は、自由・平等・人権・自己決定権に対する沖縄県民の喪失感を「魂の飢餓感」と表現しました。これは日本国憲法下にありながら、その憲法的理念・諸価値から切り離され、本土国民と差別され続けた沖縄県民の失望・絶望と我慢の限界を示したものであり、日本国政府にその責任を糾《ただ》すものです。

この「魂の飢餓」論は、翁長知事の保守思想に基づいたものです。そして、「薩摩」、「大和」、米国、そして日本と、自分以外の「ゆ」（世）に支配され続けた歴史・文化を踏まえた「沖縄の保守」の思想は、「沖縄の実情を今一度見つめて戴きたい。沖縄県民総意の米軍基地からの『負担軽減』を実行して戴きたい。」として、オスプレイ配備の撤回と、米軍普天間基地の閉鎖・撤去および県内移設の断念を求めた建白書（2013年1月28日）に結実しました。翁長知事が命懸けで保守したものは、沖縄の歴史・文化と沖縄の人々の生命・人権・自治・平和であり、「沖縄の保守」そのものだったのです。それゆえ、翁長知事は、建白書から微動たりともぶれなかったのです。わたしたちは、この日本国政府と日本国民全体に向けられた沖縄からの異議申立てをよくよく自覚しなければなりません。

あとがき

翁長知事は、「魂の飢餓」を嘆くだけではなく、「誇りある豊かさ」論でこれを止揚《しよう》する努力をしました。亡くなる直前、七夕飾りの短冊に、「平和！　心ひとつに 誇りある豊かさを！」と書かれたほどです。「誇りある豊かさ」論は、経済的豊かさの追求だけに走りがちな「保守」と平和主義の徹底などの誇りだけに走りがちな「革新」を「心ひとつ」にする鍵概念だったのでしょう。「沖縄はひとつ」の希《ねが》いは、「辺野古に基地はつくらせない」という「心ひとつ」となって、翁長知事を支えてきました。翁長知事と沖縄県民がひとつになった平和への希いは、まさに人間の尊厳を追求するものでした。

これに対する国の「辺野古唯一」論は、「沖縄の犠牲唯一」論にほかなりません。国はかつての銃剣とブルドーザに代えて、公有水面埋立法の反憲法的解釈と地方自治法の関与の濫用・誤用等を繰り返し、「訴訟合戦」まで仕掛けてきました。日米安保条約や日米地位協定を悪用・濫用し、辺野古の海を治外法権下に置き、国自らが積み重ねてきた法治主義さえもかなぐり捨てた安保従属型の「法治国家」論の展開です。

翁長知事は、「戦う民意」に支えられ、同時に、「戦う民意」を具体化してきました。翁長知事の命懸けの戦いは、まさに沖縄の自治のための闘争でした。わたしは、自治は闘争なしに獲得不能であり、もっといえば、自治の生命は闘争であるといってもいいと思っています。翁長知事の遺志として、引き継ぎたいひとつであると思っています。

最後に、緊急出版の要請に応えていただき、「魂の豊かさ」に満ちた原稿をお寄せいただいた皆様に、そして沖縄の関係者の皆様、編集部の皆様に心より敬意を表し、感謝申し上げます。

２０１８年８月

白藤博行

【編著者】
宮本憲一 （みやもと けんいち） 滋賀大学元学長・大阪市立大学名誉教授
白藤博行 （しらふじ ひろゆき） 専修大学教授

【著　者】
紙野健二 （かみの けんじ） 名古屋大学名誉教授
安部真理子（あべ まりこ） 日本自然保護協会自然保護室主任
亀山統一 （かめやま のりかず） 琉球大学助教
川瀬光義 （かわせ みつよし） 京都府立大学教授
仲地　博 （なかち ひろし） 沖縄大学学長
高良鉄美 （たから てつみ） 琉球大学教授
我部政明 （がべ まさあき） 琉球大学教授
佐藤　学 （さとう まなぶ） 沖縄国際大学教授
島袋　純 （しまぶくろ じゅん） 琉球大学教授
前泊博盛 （まえどまり ひろもり） 沖縄国際大学教授
島袋淑子 （しまぶくろ よしこ） ひめゆり平和祈念資料館前館長
桜井国俊 （さくらい くにとし） 沖縄大学名誉教授

翁長知事の遺志を継ぐ―辺野古に基地はつくらせない―

2018年9月7日　初版第1刷発行

編著者　宮本憲一・白藤博行
発行者　福島　譲
発行所　㈱自治体研究社
〒162-8512 新宿区矢来町123 矢来ビル4F
TEL：03·3235·5941／FAX：03·3235·5933
http://www.jichiken.jp/
E-Mail：info@jichiken.jp

ISBN978-4-88037-683-7 C0031

デザイン：アルファ・デザイン
DTP：赤塚　修
印刷・製本：モリモト印刷